So gelingt die Katzenerziehung

Wie du deine Katze mit Spiel & Spaß erfolgreich erziehst und eingewöhnst

Christoph Meyer

ISBN: 1981821759
ISBN-13: 9781981821754

INHALT

1	Katzen erziehen und eingewöhnen	Seite 1
2	Warum Du Deine Katze erziehen solltest?	Seite 17
3	Welche Rassen lassen sich leichter erziehen?	Seite 23
4	Ab wann Du Deine Katze erziehen kannst?	Seite 30
5	Verhaltensweisen Deiner Katze verstehen lernen	Seite 37
6	Katzen an die neue Umgebung gewöhnen	Seite 47
7	Erziehung von Hauskatzen	Seite 58
8	Wie Du Deine Katze nicht erziehen solltest	Seite 65
9	Grundlegende Erziehungsmaßnahmen, die Du Deiner Katze beibringen solltest	Seite 72
10	Lerne der Katze auf den Namen zu hören	Seite 75
11	Gewöhnung an die Katzenklappe	Seite 77
12	Gewöhnung an die Katzentoilette	Seite 80
13	Das Kratzen an den Möbeln ist tabu	Seite 86
14	Clickertraining	Seite 90
15	Geduld bewährt sich	Seite 95
16	Seltsames Katzenverhalten erkennen	Seite 98
17	Klare Vorgaben sind bei der Erziehung von Katzen wichtig	Seite 106
18	Fazit / Wichtige Tipps zusammengefasst	Seite 112

VIELEN DANK FÜR DEIN VERTRAUEN

Vielen Dank für dein Vertrauen in mich und meine Arbeit. Ich hoffe, dass du mit diesem Ratgeber sehr viel lernen und eine tolle Beziehung zu deiner Katze aufbauen wirst. Ich habe mein Bestes gegeben und meine jahrelangen Erfahrungen mit Katzen aller Art genutzt, um dir wirklich tolle Informationen zu bieten.Da du es mit der Erziehung deiner Katze wirklich ernst meinst (sonst hättest du dieses Buch nicht gekauft), habe ich mir etwas einfallen lassen, um dir meine Wertschätzung zu zeigen und dir noch mehr helfen zu können.

Ich habe für dich als Käufer meines Ratgebers heute ein unschlagbares Angebot:

Du bekommst von mir heute einen einzigartigen Rabatt auf mein umfangreiches Online Coaching, welches ich auf Katzen-Trainieren.de anbiete. Mit dem folgenden Link bekommst du auf das Starter Paket satte **70 % Rabatt**, auf das Basic Paket **68 % Rabatt** und auf das Premium Paket **57 % Rabatt**.

http://bit.ly/2ChHACe

Wähle das Paket, welches am besten zu dir passt und schalte dir die Video- und Audiokurse frei. Sichere dir noch heute das unglaubliche Angebot. Bringe deine Mensch-Tier-Beziehung zu deinem Liebling auf ein ganz neues Level!

KAPITEL 1
KATZEN ERZIEHEN UND EINGEWÖHNEN

Dieses E-Book wird mit einem Zitat von Jean-Luis Hue eingeleitet, das folgendes besagt: „Ein Haus ohne Katze ist wie ein Aquarium ohne Fisch“. Darum entscheiden sich immer mehr Menschen dafür, eine Katze in ihrem Zuhause willkommen zu heißen. Aber aller Anfang ist schwer, das gilt auch für die Katzenhaltung und –Eingewöhnung. Geduld und Ausdauer ist dabei das oberste Gebot.

Wer sich dafür entschieden hat, eine Katze bei sich aufzunehmen, der muss das Tier erst an seine neue Umgebung gewöhnen. Fühlt es sich bei seinem neuen

Besitzer heimisch, ist es ganz wichtig, das Tier auch zu erziehen. Es gibt einiges zu beachten, wenn die Katze ihr neues Heim bezieht. Ist sie dann eingelebt und fühlt sich die Samtpfote so richtig wohl, darf mit der Erziehung begonnen werden. Es sollte Schritt für Schritt erfolgen.

Die Eingewöhnungsphase prägt die Katze oft ein Leben lang

Die Eingewöhnungsphase einer Katze wird oft unterschätzt, aber sie prägt das spätere Zusammenleben nachhaltig. Darum ist es umso wichtiger, das Tier mit seinem Umfeld und seinen Menschen auf liebevolle Art und Weise vertraut zu machen. Das Tier muss das Gefühl haben, willkommen und angenommen zu sein. Handelt es sich um ein junges Tier, ist es entscheidend, dass das Tier nicht vor der 12. Woche abgeholt wird. Erst ab diesem Alter sind sie nicht mehr auf ihre Mutter angewiesen und haben alle wichtigen Verhaltensmuster von ihrer Mutter kennengelernt.

Jeder, der sich bereits einen Stubentiger nach Hause geholt hat, der weiß, dass dieses Ereignis prägend für das weitere Leben ist. Bevor es aber soweit ist, müssen daheim etliche Vorbereitungen getroffen werden. Ein Tier lernt seine Umgebung anhand von Gerüchen kennen. Also macht es Sinn, 1 bis 2 Wochen bevor das Tier nach Hause geholt wird, es mit seinem Geruch vertraut zu machen. Der Schlafplatz der Katze darf bereits vorab mit einem Kleidungsstück des neuen Besitzers oder mit einer Kuscheldecke ausgestattet werden. Zudem macht es Sinn, eine Decke vom bisherigen Besitzer, Züchter oder Tierheim, mit nach Hause zu nehmen. Der bekannte Geruch schafft Vertrautheit in der neuen Umgebung.

Die Katze nimmt ihre neue Umgebung durch Gerüche wahr

Die Katze wird von den vielen neuen Eindrücken überwältigt sein. Neue Gerüche werden wahrgenommen, Geräusche bekommt sie zu hören, welche ihr vielleicht allesamt nicht vertraut sind.

Darum sollte der Katze vorab nur ein Raum zur Verfügung gestellt werden, den sie anhand ihrer Neugierde schnell erkunden wird. Die Katze sollte die Möglichkeit haben, diesen Raum auf eigene Faust zu erkunden.

Der Transportkorb wird in den Raum gestellt und dann darf der neue Besitzer gespannt abwarten, was nun passiert. Die Transportbox sollte im Raum belassen werden, denn so hat die Katze die Chance, sich immer wieder in ihre Box zurückzuziehen, wenn ihr Schutzbedürfnis es verlangt. Das Gefühl der Behaglichkeit kommt bei dem Tier erst dann, wenn es sich sicher fühlt. Das geht nicht auf die Schnelle. Jungtiere gewöhnen sich in der Regel schneller ein, sie sind noch unerschrocken und werden von ihrer Neugierde geleitet. Bei älteren Tieren kann die Eingewöhnungsphase etwas mehr Zeit in Anspruch nehmen. Die Katze muss für sich selbst bestimmen können, wie lange ihre Eingewöhnungsphase dauern darf. Bei manchen Katzen dauert es länger, bei anderen nicht so lang. Ein Jungtier will die Welt erkunden und innerhalb von einer Woche fühlt es sich im neuen Daheim auch wohl. Ältere Tiere benötigen dafür oft eine Woche länger, aber gestaltet der neue Besitzer die Eingewöhnungsphase ansprechend, ist auch ein älteres Tier innerhalb von 2 Wochen eingewöhnt.

Ein Raum nur für die Katze mit sämtlichen Extras

Der Katze sollte also ein Raum zur Verfügung gestellt werden. In diesem befinden sich ein Futter- sowie ein Wassernapf. Eine Katzen-Toilette darf nicht fehlen, damit sie diese bei Bedarf umgehend nutzen kann. Gerade wenn es sich um ein älteres Tier handelt, sollten die Vorbesitzer danach gefragt werden, welche Streu bislang verwendet worden ist. Katzen sind in der Regel Gewohnheitstiere und das gilt auch für die Streu. Entscheidend ist es, dass der Futterplatz und der Platz der Toilette weit voneinander entfernt liegen.

Die Katze muss klar unterscheiden können, um was es sich handelt. Stehen Katzen-Klo und

Futternapf zu nahe beieinander, kann das das Tier irritieren und Urinpfützen und Häufchen sind die Folge daraus. Diverse Spielzeuge dürfen in diesem Raum aufgelegt werden. Vielleicht weckt der eine oder andere bunte Ball bereits das Interesse des Tieres. Oder sollte es eine kleine graue Fellmaus sein? Es wird sich zeigen. Gerade junge Katzen zeigen sich von Anfang an aktiv und werden anfangen, sich mit dem Spielzeug zu beschäftigen. Katzen schätzen es sehr, wenn sie ihre Umgebung von oben herab betrachten können, darum ist ein Kratzbaum in diesem Raum ein unbedingtes Muss.

Dank dem Kratzbaum darf das Tier hoch hinaus und findet sogar noch das passende Versteck auf der Aussichtsplattform des Baumes. Später erfüllt der Kratzbaum gute Dienste, damit die Katze nicht die Möbel zerkratzt, sondern ihre Krallen an dem dafür vorgesehenen Kratzbaum schärft. Auch „Erinnerungsstücke“ an das frühere Zuhause sollten aufgelegt werden. Sei es durch ein Spielzeug oder durch Decken. Ein Garant für die schnelle Eingewöhnung ist eine alte Kuscheldecke, die den neuen Schlafplatz des Tieres ziert. Die Katze sollte in dem Raum zudem die Möglichkeit finden, sich zu verstecken. Wird ihr ein Versteck zuteil, ist ihr Sicherheitsgefühl um vieles gestärkter. Das Tier tritt selbstbewusster der neuen Umgebung gegenüber und widersteht der Verlockung, die neue Umgebung für sich zu erkunden, nicht lange. Wer der Katze zu Beginn gleich die ganze Wohnung zum Erkunden überlässt, der riskiert, dass das Tier schnell überfordert ist und setzt es unnötigen Stresssituationen aus. Wird der Stubentiger in ein neues Zuhause gebracht, dann überragt erstmals die Furcht vor dem Neuen und das Ungewisse. Aber hat das Tier erstmal einen Raum für sich, den es erkunden darf, so ist ihr neuer Bereich begrenzt und viel schneller kann dadurch Vertrauen aufgebaut werden. Vertrauen, das noch nicht vorhanden ist und erst allmählich entsteht.

Die Zauberformel für die Eingewöhnung heißt menschliche Zuneigung

Wurde eine neue Katze angeschafft, ist es nun für

den neuen Besitzer sehr wichtig, sich dem Tier ausgiebig zu widmen. Das heißt jetzt nicht, dass der Stubentiger immerfort gestreichelt und liebkost werden möchte oder auf den Arm genommen wird. Der neue Besitzer sollte sich ebenfalls im Raum der Katze aufhalten. Er sollte einen Platz am Boden einnehmen. Eine annähernd gleiche Größe schafft mehr Nähe und mehr Nähe erhöht die Vertrautheit. Greife nicht nach dem Tier, gib ihm selbst die Möglichkeit seinen neuen Besitzer zu erkunden. Der geeignete Platz für das Kennenlernen sollte so gewählt werden, dass der Besitzer einen Abstand zum Tier einhält, aber dieses dennoch gut im Blickfeld hat. Irgendwann kommt die Katze selbst auf seinen Besitzer zu, riecht an ihm, reibt sich an ihm, streift um seinen Körper herum, bis sie auf in hochklettert.

Das erste richtige Kennenlernen sollte in dieser Art und Weise stattfinden. Falsch wäre es, das Tier umgehend hoch zu heben und dieses so durch die ganze Wohnung zu führen. Katzen sind Fluchttiere, wird das Tier von Beginn an auf dem Arm genommen, kann es sich bedrängt fühlen. Auch vom immerwährenden Streicheln wird abgeraten, dabei gerät der Stubentiger zur sehr in Bedrängnis und flüchtet.

Wenn der neue Besitzer seinen Platz am Boden eingenommen hat, kann er der Katze noch ein paar Leckerlis anbieten. Diese können mit der flachen Hand angeboten werden. Ist das Tier noch zu schüchtern, sollte der Besitzer die kleinen Naschereien einfach in der Nähe des Tieres auf den Boden werfen. Es macht zudem Sinn, nach ein paar Stunden die Katzenangel hervorzuholen und das Interesse der Katze damit zu wecken. Bei Jungtieren funktioniert diese Methode immer.

Ältere Tiere hingegen reagieren oft sehr verhalten auf Spielzeug. Der direkte Augenkontakt mit der Katze ist nicht gut und empfehlenswert. Der Blick aus dem Augenwinkel ist besser und schafft mehr Vertrautheit zum Tier. Auch blinzeln ist erlaubt, darauf reagieren Samtpfoten relativ entspannt.

Verstecken bei der Eingewöhnung gehört dazu

Dass sich das Tier in der Eingewöhnungsphase versteckt, das gehört einfach dazu. Die Katze braucht Zeit und ausreichende Möglichkeiten sich verstecken zu können. Wichtig ist nur, dass ihr der Besitzer genügend Aufmerksamkeit schenkt, damit die Katze ihre Scheu überwinden kann und von sich aus den Raum erforscht. Ist die erste Scheu überwunden, will sie ihren neuen Besitzer auf Schritt und Tritt folgen.

Ein eindeutiges Zeichen dafür, die Katze kratzt an der Tür, wenn der Besitzer den Raum verlässt. Als goldene Regel für die Eingewöhnung gilt, das Tier sollte nicht über Stunden in dem Raum alleingelassen werden. Denn somit bekommt der Stubentiger es mit der Angst zu tun, ein Ansprechpartner ist für die Katze wichtig, der auf sie einredet mit sanfter und beruhigender Stimme, der sie aber niemals bedrängt.

Die Katze bei der Eingewöhnung mit allen Bewohnern vertraut machen

In einem ganz entspannten Moment sollte die

Katze dann den anderen Familienmitgliedern vorgestellt werden. Auch die anderen Familienmitglieder und Mitbewohner dürfen am Boden Platz nehmen und abwarten, bis die Katze den ersten Schritt auf die Menschen zumacht. Die Tür des Raumes sollte nach den Kratzversuchen der Katze geöffnet werden. Nun darf sie auf eigene Faust die restlichen Räume der Wohnung für sich erkunden. Der Besitzer sollte sie aber dennoch immer im Blickfeld haben und sie beobachten, wie sie sich verhält. Wenn sie den angestammten Raum aus eigenen Willen verlässt, findet sie den Weg dorthin auch wieder zurück. Hat sich der Stubentiger an die Gegebenheiten im neuen Zuhause gewöhnt, wird es Zeit den richtigen Futter- und Toilettenplatz zu wählen. Die Katze muss selbstverständlich davon in Kenntnis gesetzt werden, wo ihr Futter- und wo ihr Toilettenplatz nun zu finden ist.

Nach der Eingewöhnung kommt die Erziehung

Wenn die Eingewöhnungsphase geglückt ist und sich der Stubentiger wie zu Hause fühlt, ist es an der

Zeit ihn zu erziehen. Der Satz: „Was Hänschen nicht lernt, lernt Hans nimma mehr“, gilt als Leitspruch. Darum sollte die Katze von klein auf erzogen werden, auch wenn sie für ihr Leben gerne ihren eigen Kopf durchsetzt. Erziehung – Ja, Gehorsam – Nein. Das würde jede Katze unterschreiben, denn Katzen sind intelligente Wesen, die sich durch ihre Lernfähigkeit auszeichnen. Daher können sie sehr wohl erzogen werden. Bereits die Katzenmutter beginnt ihre Jungtiere zu erziehen, die grundlegenden Dinge des Lebens erlernen sie von ihr.

Ist das Tier später auf sich gestellt, lernt es zwischen Erfolg und Niederlage zu unterscheiden und ihre Erziehung kann trainiert werden. Beim Gehorsam heißt es Fehlanzeige. Katzen tun grundsätzlich nur das, was ihnen gefällt. Werden sie aber für eine Sache belohnt, von der sie weniger überzeugt sind, dann steht der Belohnungsfaktor über den Gehorsam. Das Schütteln der Futterpackung ist für sie ein absolutes Highlight, dem sie meist nicht widerstehen können.

Erziehung - JA, Gehorsam – Nein

Erziehung ist für die Katze ein ganz wichtiges Element, aber sie muss für sich entscheiden können, was will ich und was will ich nicht. Das Verhalten einer jeden Katze kann spielerisch geändert werden. Eine Katze ist in der Regel ein sehr anpassungsfähiges Tier, deren Verhalten durch Belohnungen und Verstärkungen positiv beeinflusst werden kann. Es ist wichtig, im Vorfeld der Erziehung herauszufinden, auf welche Reize die Katze reagiert. Das Geheimrezept hinter jeder Erziehungsmaßnahme ist der Anreiz. Und Anreize werden bei Tieren meist nur über das Futter, sprich Leckerlis, erreicht.

Junge Katzen kann der Besitzer schneller an Disziplin gewöhnen, bei älteren Tieren, ist diese Aufgabe meist schwieriger. Dafür sind ältere Tiere in der Regel bereits diszipliniert und sie wissen sich zu verhalten. Während Jungtiere noch voller Energie stecken und diese erst gezügelt werden muss. Aber ganz wichtig ist es, auf die Persönlichkeit und auf die Charakterzüge der eigenen Katze zu achten. Auf die

Persönlichkeit muss immer Rücksicht genommen werden. Grundsätzlich ist jede Katze darum bemüht, dem Besitzer zu gefallen. Aber dafür muss jeder Besitzer im Stande sein, zu erkennen, was die Katze mit ihrer Körpersprache mitteilen möchte. Die Körpersprache der Katze ist ein wesentlicher Teil in der Erziehung.

Erziehung und Eingewöhnung - Zwei wichtige Elemente, die eng miteinander verbunden sind

Mit den richtigen Leckerlis geht vieles einfacher. Egal, ob Du Deiner Katze einen Trick beibringen möchtest und ihr das Clickertraining näher bringst oder ob es darum geht, dass sie endlich ihre Katzentoilette annimmt. Bei der Erziehung muss auf die Bedürfnisse der Katze eingegangen werden. Als Faustregel gilt zu sagen: Je harmonischer das Zusammenleben zwischen Mensch und Tier klappt, umso besser glückt auch die Erziehung. Die Vertrauensbasis zwischen Mensch und Katze ist das Grundelement für eine gute Beziehung. Das heißt, hat es mit der Eingewöhnung nicht geklappt, wird auch die Erziehung über kurz oder lang scheitern. Einer guten Erziehung geht eine zufriedenstellende Eingewöhnung voraus. Zeigt sich die Katze trotz allem eigensinnig und stur, macht es Sinn, sie gezielt in die richtige Richtung zu lenken. Nicht durch Zwang oder Druck. Denn darauf reagiert der Stubentiger mit Gegendruck und Abneigung. Etwas ganz Wichtiges in der Katzenerziehung sind immer ein paar Leckerlis, die griffbereit sind, wenn die Katze etwas gut gemacht hat. Die positive Bestärkung, sei es durch Leckerlis oder Streicheleinheiten, zeigt der Katze, dass sie ein positives Verhalten an den Tag gelegt hat.

Katzenerziehung von Anfang an

Keine Katze sollte in ihrem Zuhause das alleinige Sagen haben, dennoch sollte auf ihre Bedürfnisse Rücksicht genommen werden. Das Verhalten jeder Katze beruht auf selbst gemachte Erfahrungen. Zumal Stubentiger nie aus Boshaftigkeit heraus handeln. Ihre Unarten oder ihr aggressives Verhalten bauen meist auf die Vorgeschichte des Tieres auf und welche Erfahrung es sammeln musste bzw. durfte. Aber mit Ausdauer, Geduld und Konsequenz steht einer gut funktionierenden Erziehung der Katze nichts im Wege. Das harmonische Miteinander darf bei der Katzenerziehung im Vordergrund stehen, damit das chaotische Durcheinander keinen Anschluss findet. Gerade wenn der Stubentiger neu eingezogen ist, verzeihen ihm seine Besitzer vieles. Denn die Freude ist groß und Missgeschicke gehören nun einmal zum Alltag mit einer Katze dazu. Doch es ist wichtig mit den Erziehungsmaßnahmen schon zeitig anzufangen, damit es von Beginn an klare Regeln für den Stubentiger gibt.

KAPITEL 2
WARUM DU DEINE KATZE ERZIEHEN SOLLTEST?

Katzen sind eigenwillig und machen was sie wollen, das ist der Grundgedanke vieler Katzenbesitzer, wenn es um die Erziehung der Samtpfote geht. Aber diese Meinung stimmt nur bedingt. Selbstverständlich haben Katzen und vor allem Kater, ihren ganz eigenen Kopf, aber sie sind durchaus im Stande vieles dazu zu lernen und ein weiterer wichtiger Aspekt, der Besitzer kann ihnen Verhaltensweisen ab- sowie antrainieren. Damit der Besitzer seine Katze erziehen kann, muss er im Vorfeld Zugang zu der Psyche des Tieres erhalten und dieser Zugang gelingt nur durch ein harmonisches Zusammenleben zwischen Mensch und Tier.

Von klein auf Regeln vermitteln

Katzen sollten in der Erziehung nie mit Hunden verglichen werden, denn sie führen ihr eigenes Leben. Katzen gehorchen nicht bedingungslos, das steht im engen Zusammenhang mit der Biologie des Tieres. Denn Hund und Katze unterscheiden sich nicht nur in ihrem Jagdverhalten, sondern auch durch ihre soziale Kompetenz. Hunde sind in der Regel teamorientiert. Katzen dagegen zeigen viele Verhaltensmuster und Verhaltensabläufe wie einst die Wildkatze. Wildkatzen leben in einem Familienverband, dennoch ist jedes einzelne Mitglied auf sich selbst gestellt.

Darum ist es wichtig, der Katze mit viel Geduld und Einfühlungsvermögen gewisse Regeln zu vermitteln. Es gibt grundlegende Elemente, die jede Katze können sollte, zum Beispiel auf ihren Namen hören. Zu wissen, dass die Katzentoilette benutzt gehört oder dass Betteln um Futter tabu ist. Das kann jede Katze durchaus lernen, egal welches Alter sie hat und wie stark ihr eigener Wille auch sein mag.

Eine konsequente Erziehung sorgt für ein reibungsloses Zusammenleben

Wer Regeln aufstellt, der bereichert das Zusammenleben zwischen Mensch und Tier. Regeln sind nicht nur bei Menschen notwendig, damit das Zusammenleben reibungslos funktioniert, auch in der Mensch Tier Beziehung muss es so sein. Also, warum Du Deine Katze erziehen solltest? Um das Zusammenleben so einfach wie möglich zu gestalten. Darum ist es wichtig, sie so früh wie möglich zu erziehen. Wenn eine Katze, im Alter von 3 Monaten bei einem einzieht, kann der Besitzer bereits mit den ersten Erziehungsmaßnahmen starten. Die Erziehung beginnt bei allen Katzen erst einmal spielerisch. Der Stubentiger soll seinen Spaß dran haben, erzogen zu werden. Sei dies um nicht an den diversen Möbeln in der Wohnung zu kratzen oder nach Leckerlis zu betteln. Die Katze muss lernen, ihre Toilette zu benutzen und sie darf auf keinem Fall in der Wohnung ihre Urinpfützen und Häufchen verteilen. Das sind grundlegende Elemente, die eine jede Katze beherrschen sollte. Die Erziehung der Katze ist umfangreich und zeigt sich facettenreich. Sie fängt damit an, wie der Besitzer sein Tier stubenrein bekommt und dass Aggressionen beim Spiel nicht geduldet werden. Einzelne Erziehungsmaßnahmen können mit einem erfolgreichen Clickertraining enden. Wobei immer auf den Charakter des Tieres Rücksicht genommen werden muss, denn werden zu hohe Erwartungen in die Erziehung gesetzt, obwohl das Tier einen sehr starken Willen zeigt, lässt eine Enttäuschung nicht lange auf sich warten. Die einzelnen Erziehungsmaßnahmen sollten sich so gestalten, dass sie zwar klare Linien vorgeben, aber der Halter und sein Tier dennoch Spaß daran haben, diese auszuführen und effektiv umzusetzen.

Warum ist es also so wichtig die Katze zu erziehen?

Mit den richtig aufgestellten Regeln gestaltet sich

das gemeinsame Zusammenleben viel einfacher und entspannter. Dabei ist es wichtig, der Katze nicht nur Regeln auf das Auge zudrücken, sondern ihr liebevoll beizubringen, was erwünscht oder weniger erwünscht ist. Wer seine Katze erzieht, schützt diese auch vor diversen Gefahren, die eben in einer Wohnung vorhanden sein können. Katzen sind von Haus aus neugierige Tiere und schrecken vor nichts zurück. Es kann ihr Wille sein, dass sie heiße Herdplatten begehen möchte und sich dabei schwer verletzt. Katzen können das selbst nicht einschätzen, welche Gefahren für sie wirklich zum Tragen kommen. Auch das Bügeleisen sowie die Waschmaschine sind für die Katze tabu. Jeder Katzenbesitzer weiß, dass die Verlockung einfach zu groß ist und sich jede Katze gerne mit dem Kabel des Bügeleisens spielt und das Bügeleisen somit herunterfallen kann. Dabei ist die Gefahr der Verletzung sehr groß. Die Wäschetrommel in der Waschmaschine wird gerne als Versteck aufgesucht. Der Putzmittelschrank und der Standort von giftigen Pflanzen gelten ebenso als Tabu-Zone für das Tier.

Die Erziehung der Katze erfolgt also nicht nur dem Besitzer zuliebe. Sondern die Erziehung hat zudem den Zweck, dass die Verletzungsgefahr der Katze eingedämmt wird und sie sich lange bester Gesundheit erfreuen darf. Nicht zu vergessen, eine effektvolle Erziehung fördert auch das harmonische Miteinander und trägt viel zur Mensch-Tier-Beziehung bei.

KAPITEL 3
WELCHE RASSEN LASSEN SICH LEICHTER ERZIEHEN?

So wie beim Menschen, gibt es bei Katzen unterschiedliche Charaktere. Jede Katze ist ein Unikat und unterscheidet sich in ihrem Wesen und den Eigenarten. So lassen sich manche Tiere einfacher erziehen, sie sind wissbegierig und dankbar, wenn ihnen Erziehung zuteilwird. Während mancher Sofatiger lieber seinen Platz einnimmt, auf diesem beharrt und einfach schwer von seinen Unarten zu befreien ist.

Bei Katzenkindern ist es wichtig, mit der Erziehung von klein auf zu beginnen. Ein Katzenkind kennt somit seine Dos und Don'ts ganz genau. Wird aber einem Katzenkind alles erlaubt und kann es seinen Willen immer und überall durchsetzen, kann es nicht verstehen, wenn es später plötzlich Nein heißt.

Klare Vorgaben von Kindesbeinen an, machen aus dem quirligen Stubentiger eine wohlerzogene Katze. Grundlegend ist die Erziehung des Stubentigers nicht von seiner Rasse abhängig. Zum einen prägt der Charakter die Katze, zum anderen sind es die bisherigen Erlebnisse, die sich auf die Wesenszüge auswirken. Es gibt aber durchaus Rassen, die sind in ihrem Wesen sanftmütiger und geduldiger als andere.

Die Singapura Katze

Die exotische Schönheit kommt, wie der Name bereits verrät, aus Singapur. Sie gilt als Mix aus Abessinier und Burma und darf sich zu den eher kleinen Katzenrassen zählen, die einst in ihrer Heimat als Streuner unterwegs waren. Die Singapura Katze zeigt sich freundlich, verschmust und liebevoll. Aus diesem Grund darf sie sich zu den beliebtesten

Rassekatzen zählen, die es gibt. Das sanftmütige und treue Tier ist für jede Streicheleinheit dankbar, daher zeigen die ersten Erziehungsmaßnahmen schnell Früchte.

Die Britisch Kurz- oder Langhaarkatze

Wer sich für eine unkomplizierte Katze entscheiden möchte, der darf sich eine Britisch Kurz- oder Langhaar nach Hause holen. Sie ist die ideale Familienkatze, bringt aber auch gerne Leben in jeden Singlehaushalt. Egal, welches Alter der Besitzer hat, das liebevolle Wesen passt sich mit seiner Toleranz jedem Haushalt an.

Sie ist ruhig und unaufdringlich in ihrem Charakter, zudem zeigt sie sich interessiert, wenn ihr etwas Neues gezeigt wird. Im Alter wird die Britisch Kurz- oder Langhaarkatze etwas bequem und möchte dann das Sofa nicht mehr so gerne verlassen.

Die Europäische Kurzhaarkatze

Sie ist besser bekannt unter der typischen Hauskatze, wie sie allen von uns bekannt ist. Bei ihr handelt es sich um ein sehr menschenbezogenes Tier, das sich durch seine liebevolle und anhängliche Art hervortut. Wer einen Schmusetiger zu Hause am Sofa liegen haben möchte, der zudem noch sehr verspielt und gescheit ist, die Europäische Kurzhaarkatze erfüllt all diese Eigenschaften. An Erziehung wird es einem solchen Tier gewiss nicht mangeln, da es wirklich sehr einfach zu erziehen ist. Durch den cleveren Charakter ist diese Katze bestens für das Clickertraining geeignet. Sie reagiert schnell und checkt viele Neuerungen im Handumdrehen.

Die Deutsche Langhaarkatze

Sie gilt nicht nur wegen ihrer Schönheit als etwas ganz Besonders, auch vom Charakter und vom Wesen ist die Deutsche Langhaarkatze eine vorbildliche Katze. Ihr Verhalten ist gelassen, ruhig und anhänglich, alles Eigenschaften, die sich positiv auf die spätere Erziehung auswirken. Trotz ihrer eher ruhigen Charakterzüge ist sie dennoch wissbegierig und will sich aktiv in das Leben ihres Besitzers einbringen. Sie ist das ideale Tier für einen Haushalt mit Kindern und weiteren Katzen. Sogar mit Hunden versteht sich die Deutsche Langhaarkatze sehr gut.

Die Ceylon Katze

Sie kommt aus Sri Lanka und ihre effektvolle Zeichnung auf der Stirn macht diese Katze so unverkennbar. Sie darf sich zu den eher kleinen Katzenrassen zählen, bestimmt aber durch ihren harmoniebedürftigen Charakter. Sie zeigt ein anhängliches Wesen und ihr ist es ein großes Bedürfnis ihrem Menschen zu gefallen. Sie begreift in der Regel blitzschnell, was von ihr erwartet wird. Die Ceylon Katze arrangiert sich mit jeder Lebenssituation, ihr ist aber der Bezug zum Menschen sehr wichtig. Daher ist für sie von Bedeutung, dass ihr die gebührende Aufmerksamkeit auch zuteilwird.

Katze oder Kater? Diese Frage spielt auch eine Gewichtigkeit bei der Erziehung

Auch die Frage des Geschlechts ist oft ausschlaggebend für die Erziehung. Obwohl sich das Verhalten von Katze und Kater nicht viel voneinander unterscheiden, ist doch klar zu erkennen, dass Katzen sanftmütiger in ihrem Wesen und Charakter sind. Sie zeigen oft ein schnelleres Einsehen und wollen mit ihren Kopf nicht durch die Wand. Kater hingegen mangelt es oft an Geduld, für sie stehen meist die Verteidigung und der Kampf im Vordergrund. Natürlich zeigt sich jede Katze auf ihre Art und Weise individuell. Dennoch sucht die Katze die Nähe zum Menschen öfter und genießt ihre ausgiebigen Streicheleinheiten in vollen Zügen.

Während der Kater in seinen Ruhephasen in einer erhöhten Position am Kratzbaum anzutreffen ist und oft wenig Energie dafür aufbringen möchte, um etwas Neues zu lernen. Kater weisen in der Regel ein stolzes Auftreten auf, für das sie auch gewürdigt werden möchten. Das Schmusebedürfnis ist bei einem weiblichen Tier grundsätzlich viel mehr ausgeprägt als bei ihren männlichen Mitstreitern.

KAPITEL 4
AB WANN DU DEINE KATZE ERZIEHEN KANNST?

Umso früher Du damit beginnst, umso mehr wird die Erziehung Erfolge einfahren. Das heißt, wenn Du Dir ein kleines Kätzchen nach Hause holst, das ein Alter von 12 Wochen hat, sollte mit der Erziehung bereits begonnen werden.

Erste Erziehungsmaßnamen werden bereits von der Katzenmutter gesetzt

Die Erziehung und Sozialisierung fängt bei der Katze bereits in der Kinderstube an. Von der Katzenmutter und deren Geschwistern, lernt das Tier bereits, wie es sich zu verhalten hat. Einen großen Teil, der Erziehung übernimmt also bereits die Katzenmutter. Darum ist es von Bedeutung, dass kleine Katzen nicht zu früh entwöhnt werden, sondern behutsam und langsam ihren eigenen Weg in die Welt finden können. Eine junge Katze sollte wirklich erst im Alter von 12 Wochen von der Mutter getrennt werden. Erfolgt dieser Trennungsprozess früher, kann sich das auf das spätere Katzenleben schwerwiegend auswirken. Entweder die Katze entwickelt sich zu einem schüchternen Tier, das vor allem und jedem Angst hat oder ein auffälliges und aggressives Verhalten tut sich auf. Darum sollten jeder Katze diese 3 Monate bei der Mutter gegönnt werden. Denn die Katzenmutter lehrt ihren Jungen wie sie das Essen zu sich nehmen, sie ist aber auch im Stande ihren Jungen zu zeigen, wie sie eine Katzentoilette benutzen sollen. Wer sich also eine junge Katze nach Hause holt, der sollte unbedingt nach ihrem Alter fragen. Wurde das Jungtier zu früh entwöhnt, kommt es meist vor, dass sich deren Erziehung anstrengender und aufwendiger gestaltet als bei Tieren, die ihre Zeit mit Mutter und

Geschwistern richtig auskosten konnten.

Der bisherige Umgang mit Menschen hat die Katze bereits geprägt

Katzen kommen nicht mit einem angeborenen „Dickkopf“ auf die Welt, sie zeigen sich in den ersten Wochen auch nicht schüchtern und ergreifen umgehend die Flucht. Darum ist es von Bedeutung, dass die junge Katze von Beginn ihres Lebens mit verschiedenen Menschen Kontakt hatte. Eine gut sozialisierte Katze zeichnet sich dadurch aus, dass sie bereits im zarten Alter auf unterschiedliche Geschlechter, Altersgruppen und Charaktere getroffen ist. Sie sollte bereits zu Kindern sowie zu älteren Menschen Kontakt gehabt haben, nur so konnte sie bereits mit wenigen Wochen die Erfahrung machen, bei den Menschen bin ich gutaufgehoben.

Ein Katzenkind, das bisher wenig Kontakt zu den Menschen hatte, wird sich in der Regel wie eine Wildkatze verhalten oder ist mit einem scheuen Straßenstreuner gleichzusetzen. Dieses

Verhaltensmuster hat sich bei der jungen Katze bereits schon eingeprägt. Solche Tiere sind später schwer zu sozialisieren und ihre Erziehung gestaltet sich meist intensiv und zeitaufwendig. Auch diese Frage: Hatte das junge Kätzchen bereits viel Kontakt zu den Menschen, ist wichtig. Wird das Tier in den Familienverbund mit Kindern aufgenommen, ist es hilfreich, wenn der Stubentiger bereits an Kinder gewöhnt ist.

Alles beginnt mit einem Spiel

Es ist ganz entscheidend, dass die Erziehung am Anfang spielerisch beginnt. Kleine Katzen spielen für ihr Leben gerne und alles wird für sie zum großen Abenteuer, auch der Gang zur Katzentoilette und das Buddeln in der Streu.

Ein weiterer wichtiger Grundsatz in der Erziehung der Katze ist, das Tier sollte auf keinen Fall überfordert werden. Eine Lerneinheit dauert so lange, wie es der Stubentiger vorgibt.

Zeigt er sich bereits desinteressiert und wendet sich ab, ist es an der Zeit die Lerneinheit zu beenden. Nur die ganze Aufmerksamkeit des Tieres und das Interesse am Lernen und Erziehen bringt tatsächlich Erfolg.

Auf eine leise Stimme kommt es an

Der neue Katzenbesitzer sollte mit leiser Stimme dezente Botschaften dem Tier vermitteln. Die Katze ist ein Liebhaber von leisen Tönen und einer sanften Tonlage. Erhält eine Katze eine Botschaft, die leise ausgesprochen wird, ist sie viel mehr gewillt dieser zu folgen, als wenn sie laute Befehle zugeteilt bekommt. Katzen haben ein ausgeprägtes Gespür für die Stimmungsschwankungen ihrer Besitzer. Sie nehmen sehr schnell wahr, wie ihr Besitzer gerade gestimmt ist. Wenn der Besitzer also verkrampft oder schlecht gelaunt ist, dann werden die Erziehungsmaßnahmen fehlschlagen. Denn die Stimmung geht auf das Tier über und die Folge daraus, das Tier zeigt keine Motivation mehr. Darum ist es immer wichtig mit sanfter Stimme auf die Katze einzureden. Die Stimme sollte vertrauenserweckend sein. Nur bei einem ruhigen und vertrauensvollen Klang ist eine gemeinsame Basis gegeben. Diesen Klang mag der Stubentiger, deshalb macht er dann auch bereitwillig mit, wenn es um seine Erziehung geht.

Die einzelnen Lerneinheiten gezielt gestalten

Werden die ersten Erziehungsmaßnahmen gesetzt und stehen einzelne Lerneinheiten an, ist es wichtig, dass ein bestimmtes Erziehungsmuster nach dem anderen behandelt wird. Es sollten einzelne Lerneinheiten vermittelt werden, die sich nur einer bestimmten Aufgabe widmen. Sei es, dass die Katze ihren Namen kennenlernt und dass sie herausfindet, wie die Katzenklappe funktioniert. Es geht immer um eine einzige Aufgabe, die in einer Lerneinheit zur besseren Erziehung behandelt wird. Eine Katze ist ein Tier, welches sich gerne und schnell ablenken lässt. Darum ist es wichtig, bei der Katzenerziehung klare Richtlinien zu setzen, die einzelnen Aufgaben müssen klar abgesteckt sein. Erst wenn ein Verhaltensmuster erfolgreich antrainiert wurde und die Katze die

Lerneinheit sicher beherrscht, sollte zu weiteren Erziehungsmaßnahmen bzw. Lerneinheiten übergegangen werden.

Zusammengefasst

Die Kinderstube prägt nicht nur den Menschen, sondern auch die Katze. Wird die Katze zu früh von der Katzenmutter getrennt, wirkt sich das meist negativ auf die spätere Erziehung aus. Die Erziehung der Katze sollte so früh als möglich begonnen werden. Der Besitzer sollte seiner Katze immer nur eine neue Verhaltensweise anlernen, erst wenn die erfolgreich klappt, steht das Training für die nächste an.□

KAPITEL 5
VERHALTENSWEISEN DEINER KATZE VERSTEHEN LERNEN

Fauchen, miauen oder schnurren, diese Katzensprache ist uns allen geläufig. Aber dass die Katzen viele Nebenlaute benutzen, wenn sie sich mitteilen wollen, das wissen nicht alle Besitzer. Die Katzensprache ist ein wichtiges Thema, damit die Erziehung erfolgreich klappen kann.

Aber was ist unter der Sprache der Katze zu verstehen?

Die Katzensprache schließt alle Ausdrucksformen ein, die sie für die Kommunikation benötigt. Dazu gehören zum einen die Lautsprache und zum anderen die Körpersprache. Aber auch die Chemo Kommunikation ist bei dem Stubentiger relevant. Unter dieser Kommunikationsform wird zum Beispiel das Markieren verstanden.

Katzen nutzen bei der Kommunikation mit dem Menschen meist bestimmte Körperteile, wie den Kopf, die Schnurrhaare, Teile ihres Fells und natürlich auch die Augen. Die Körpersprache der Katze ist wesentlicher als die Lautsprache, sie lässt dem Besitzer das Verhalten der Katze besser erkennen. Laute werden von der Katze bei der Kommunikation mit dem Menschen genutzt, bestes Beispiel dafür: das Miauen. Das Miauen gilt in der Regel als Aufforderung an den Menschen, aktiv zu werden, in welcher Form auch immer. Um die Futterdose zu öffnen, um Türen zu öffnen, um den Tier Gesellschaft zu leisten. Die Laut- und die Körpersprache werden meist kombiniert vom Tier genutzt.

Der Lautsprache der Katze verrät schon vieles

Katzen können mehr als 100 verschiedene Laute von sich geben. Neugeborene Kätzchen verständigen sich mit ihrer Mutter durch ihren Ruflaut. Mit leisem Miauen halten sie später mit ihrer Mutter Kontakt. Ausgewachsene Tiere miauen meist aus ganz spezifischen Gründen. Entweder sind sie hungrig, ihnen tut etwas weh oder sie plagt die Langeweile. Dieses Miauen ist grundsätzlich als Ermahnung zu verstehen. Faucht eine Katze, deutet dies auf ihre Abwehrbereitschaft hin.

Das Schnurren der Katze

Ist das Schnurren wirklich eng mit dem Wohlfühlen verbunden? Diese Frage kann mit einem klaren Ja beantwortet werden. Die Katze fühlt sich wohl, wenn sie schnurrt und ist dem Menschen gegenüber zugetan. Die Katze will dem Menschen damit signalisieren, ich fühle mich wohl in meiner Haut, es geht mir sehr gut. Schnurren hat für die Katze eine beruhigende Wirkung. Andere

Artgenossen können dadurch besänftigt werden. Das Schnurren wirkt sich positiv auf die Psyche der Katze aus. Aber das Schnurren der Katze kommt zudem bei Menschen zum Einsatz, die psychosomatisch oder chronisch erkrankt sind. Die Katzen gelten bei solchen Menschen als Therapeuten. Es ist nachgewiesen, dass das menschliche Gehirn Serotonin ausschüttet, wenn es das Schnurren einer Katze hört. Bei Serotonin handelt es sich um ein Glückshormon. Durch das Schnurren wird ein Brummton erzeugt, der eine Frequenz von 22 bis 30 Hertz aufweist. Hierbei handelt es sich um einen rhythmischen Ton für das Tier.

Wohnungskatzen miauen öfter als Freigänger

Freigänger (Katzen, denen ein Freilauf ermöglicht wird) nutzen die Lautsprache wesentlich weniger als Hauskatzen. Warum ist das so? Da sich die freilaufende Katze immer auf Beutegang befindet und dadurch könnten ihre Laute stören. Durch die Lautgebung könnte sie Beutetiere warnen und verscheuchen.

Die Körpersprache ist wichtiger als die Lautsprache

Die Lautsprache wird anhand der Körpersprache unterstützt. Ein gutes Beispiel ist das Fauchen. Faucht eine Katze, macht sie einen Buckel und die Nackenhaare sind aufgestellt. Auch die Schwanzhaare sind meist aufgestellt, damit das Tier größer erscheint. Die Katze legt ihre Ohren zurück. In einem solchen Fall ergänzen sich Lautsprache und Körpersprache klar.

Manche Katzen nutzen die Lautsprache mehr, manche weniger

Es gibt gesprächige und weniger gesprächige Katzenrassen. Orientalische Katzen (zum Beispiel: Burma- oder Siam-Katzen) haben eine sehr vielseitige Lautsprache. Sie antworten in der Regel immer, wenn sie vom Menschen angesprochen werden. Die europäische Kurzhaarkatze, sprich unsere bekannte Hauskatze, ist dagegen zurückhaltender in ihrer Kommunikation. Damit Du die Verhaltensweisen Deiner Katze besser verstehen lernst, musst Du auf ihre Augen, Ohren, den Schwanz, die Nase achten. Zudem muss die Körperhaltung des Tieres berücksichtigt werden.

Die Augen:

Katzen kommunizieren durch ihren Blick. Je nach Gemütslage kann die Katze die Haltung ihrer Pupillen beeinflussen. Beengte Pupillen sind ein klares Anzeichen für ein bevorstehendes aggressives Verhalten. Weit geöffnete Pupillen sind ein eindeutiges Anzeichen für Neugierde und Interesse. Blinzelt die Katze ihren Besitzer an, dann ist das einem Lächeln gleichzustellen.

Die Ohren:

Auch mit den Ohren gibt die Katze klare Zeichen für ihre Gemütslage. Flach angelegte Ohren deuten eindeutig auf Angst oder Aggression hin. Da die Ohren so bei einem Angriff geschützter sind und kein klares Ziel bieten. Konzentriert sich die Katze auf ihr Beutetier, dreht sie die Ohren auf, nach vorne gerichtet, um kein Geräusch zu verpassen, welches die Beute von sich geben kann.

Der Schwanz:

Der Schwanz der Katze gibt viele Hinweise darauf, wie sich das Tier gerade fühlt. Heftiges Zucken des Schwanzes deutet darauf hin, die Katze ist niedergeschlagen. Wenn der Schwanz leicht zuckt, ist die Katze unentschlossen.

Peitscht der Schwanz aufregt hin und her, so ist die Katze zornig und möchte von seinem Besitzer in Ruhe gelassen werden. Ist die Katze ganz entspannt, legt sie sich auf die Seite oder auf den Rücken und streckt alle Gliedmaßen sowie den Schwanz von sich.

Verhaltensmuster bei Krankheiten

Was deutet darauf hin, dass die Katze krank ist? Das zögerliche Fressverhalten ist ein eindeutiges Zeichen dafür. Auch die Körperhaltung spricht Bände, kauert sich die Katze sichtbar zusammen, könnte der eine weitere Hinweis auf eine Erkrankung sein. Die Katze geht dann nicht mehr ihren alltäglichen Gewohnheiten nach, sie putzt sich kaum mehr, das Fell wird struppig und stumpf. Aus einer kleinen Schönheit kann dann ein ungepflegtes Tier werden.

Weitere Hinweisenzeichen sind:

- Vermehrt auftretendes Niesen.
- Vermehrter Juckreiz, das Tier kratzt sich unaufhörlich.
- Wenn der vermehrte Gang zur Katzentoilette keinen Erfolg brachte und sie nicht urinieren kann.
- Atemgeräusche stellen sich ein. Gesunde Katzen hörst Du kaum atmen. Die Atmung einer gesunden Katze sieht elegant und leicht aus. Eine schwer atmende Katze plagt sich bei jedem Atemzug.

Die Chemo Kommunikation

Bei der Chemo Kommunikation setzen Katzen Kot oder Urin ein. Oder in speziellen Drüsen werden eigene Stoffe gebildet, die sich Pheromone nennen. Ein bekanntes Beispiel für die Chemo Kommunikation ist das Reiben des Kopfes an den Beinen des Menschen. Aber es wird sich auch an diversen Gegenständen oder Artgenossen gerieben, um die Duftstoffe, die in den Schläfendrüsen gebildet wurden, abzugeben. Durch dieses Reiben wird Zugehörigkeit von der Katze signalisiert.

Auf welche Verhaltensweisen bei der Katze besser verzichtet wird

Es ist der direkte und lange Blickkontakt. Blickkontakt mit dem Tier zu halten ist nicht verkehrt, doch dieser sollte immer kurz gefasst sein. Das Anpusten der Katzenschnurrhaare ist ein absolutes No-Go, da diese sehr empfindlich sind. Ein intensiver Luftzug trägt dazu bei, dass die Katze irritiert ist. Sie findet also das Pusten als Angriff und fühlt sich von ihrem Besitzer nicht gewollt. Auf starke

Parfümierung darf bei der Katze verzichtet werden. Weder der Besitzer sollte in eine Parfum-Wolke gehüllt sein, noch mag es die Katze, wenn ihre Toilette zu stark parfümiert ist. Denn das Riechen ist ein entscheidender Teil der Chemo Kommunikation bei Katzen.

Zusammengefasst

Katzen ist es nicht möglich, ihre Wünsche und Gefühle in Form von Worten auszusprechen. Sie benutzen dafür andere Techniken, darum ist es wichtig, dass der Mensch die Verhaltensweisen der Katze kennenlernt. Dass er ihre Körper- und Lautsprache deuten kann. Der Körper der Katze gibt viele unterschiedliche Signale ab und auch die Stimmlage der Katze spricht für sich. Denn das Laut-Repertoire einer Katze ist umfangreich und reicht vom sanftmütigen Schnurren hin bis zum lauten Knurren, wenn Unbehagen aufkommt.

KAPITEL 6
KATZEN AN DIE NEUE UMGEBUNG GEWÖHNEN

Jeder kennt die Aussage: Aller Anfang ist schwer. Darum bedarf es auch etwas Geduld, die Katze an ihre neue Umgebung zu gewöhnen. Das Tier muss sich erst in ihrem neuen Zuhause eingewöhnen. Diese Eingewöhnungsphase geht nicht von heute auf morgen. Aber innerhalb von 1 bis 2 Wochen kann der Stubentiger eingewöhnt sein und akzeptiert bereits seinen neuen Besitzer. Das Zusammenleben mit einem neuen Tier gestaltet sich für Mensch und Tier immer interessant, dennoch sollten grundlegende Elemente dabei beachtet werden, die das Eingewöhnen leichter machen und die Eingewöhnungsphase verkürzen.

Frei nehmen und sich der Katze widmen

Wer eine Katze bei sich aufnimmt, der sollte ihr gerade in den ersten Tagen viel Zeit schenken. Darum macht es Sinn, sich in diesen Tagen vom Alltag zu befreien und nur für das Tier dazu sein. Ein paar freie Tage sind hilfreich, um den ersten Kontakt zu festigen.

Die Katze wird dadurch eher bereit sein, sich an die neuen Gegebenheiten zu gewöhnen, wenn sie weiß, sie ist nicht allein. Hier gibt es jemanden, der um ihr Wohlbefinden bemüht ist.

Vorbereitungen treffen

Noch bevor sich der Mensch den tierischen Zuwachs nach Hause holt, müssen Vorbereitungsarbeiten getroffen werden. Der Katze sollte zu Beginn der Eingewöhnung nur ein Raum zur Verfügung gestellt werden. Steht ihr gleich die ganze

Wohnung frei, ist die Katze in der Regel mit den vielen Eindrücken der neuen Umgebung überfordert. Näpfe dürfen bereits aufgestellt werden, ein Napf für das Futter und einer für das Wasser. Die Katzentoilette sollte auch schon ihren Platz im Raum gefunden haben. Zudem macht es Sinn, den Kratzbaum gleich aufzustellen und diverse Unterhaltungsmöglichkeiten in Form von Spielzeug der Katze bereit zu legen. All diese genannten Gegenstände sollten an ihrem Platz auch bleiben, so kann sich das Tier bereits Orientierungspunkte merken. Orientierung ist wichtig, sie hilft zur besseren Eingewöhnung.

Die Transportbox wird abgestellt und was passiert nun?

Die Katze sollte in einer klassischen Transportbox nach Hause gebracht werden. Die Transportbox wird dann in dem Raum abgestellt, wo bereits Vorkehrungen für das Tier getroffen worden sind. Die Transportbox ist zu öffnen und nachher ist warten angesagt. Der neue Besitzer sollte sich auf den

Boden setzen und aus der Ferne beobachten, wie sich das Tier nun verhält. Im Raum sollte Stille vorherrschen, Nebengeräusche von Radio und Fernseher würden einfach nur stören. Auch wenn die Katze in ihrer Transportbox noch eine Weile zuwartet, irgendwann ist die Neugierde größer und sie wird die unbekannte Umgebung vorsichtig erkunden wollen. Verständlich, dass die Ankunft mit Nervosität des Tieres verbunden ist. Doch diese verschwindet, wenn ein voller Napf bereitsteht oder der angeborene Jagdtrieb durch eine kleine graue Fellmaus geweckt wird. Wichtig ist immer, dass die Katze aktiv wird und der Mensch sich anfangs nur als Beobachter verhält. Es gibt auch Katzen, die prompt aus ihrer Transportbox marschieren und gleich den Raum samt neuen Besitzer erkunden. Verunsicherungen gibt es bei solchen Tieren nicht, dennoch sind diese in der Minderheit. Die Mehrheit der Katzen lassen am Anfang immer Vorsicht walten. Wichtig ist es, dass sich nur eine Person im Raum aufhält, wenn gleich die ganze Familie dort anzutreffen ist, ist die Katze überfordert. Sie wird dann eher verschreckt sein und sich zurückziehen.

Darum gilt als Grundregel für die Eingewöhnung in der neuen Umgebung, ein Raum, ein Mensch. Der Mensch sollte sich nicht direkt mit dem Tier beschäftigen, es sollte selbst die Möglichkeit haben, auf den neuen Besitzer zuzugehen. Er kann mit der Katze sprechen, dabei gilt folgende Regel: Der Ton macht die Musik. Mit einer sanften und warmen Stimmlage sollte das Tier angesprochen werden. Nicht unentwegt, nur hin und wieder. Es macht durchaus Sinn, sich kurz mit der Katze zu unterhalten. So kann sie sich gleich an die Stimme ihres neuen Besitzers gewöhnen.

Die Zauberformel einer geglückten Eingewöhnung besteht aus Ruhe und Geduld. Diese beiden Elemente müssen vorhanden sein, damit die Katze schnell Vertrauen gewinnt. Die Eingewöhnung erfolgt meist in kleinen Schritten, das Tier sollte dabei niemals überfordert werden. Die Katze allein bestimmt, wie schnell die Eingewöhnung zu geschehen hat.

Bei der Eingewöhnung reichen ein Raum und ein Mensch

Wenn der neue Besitzer am Boden sitzt, sollte er die Katze nicht unentwegt anstarren. Der direkte Augenkontakt sollte auf jeden Fall vermieden werden. Kurz hinschauen und dann gleich wieder den Blick von der Katze nehmen. Streift die Katze bereits durch das Zimmer, macht es Sinn, die Hand auszustrecken, um ihr ein paar Leckerlis anzubieten. Diese wird sie nicht gleich von der Hand nehmen, also kannst Du die Leckerlis auf den Boden werfen. Holt sich die Katze ihre kleinen Leckerbissen und kommt sie dann umgehend betteln, ist ein guter Anfang gemacht.

Junge Katzen und die Eingewöhnung

Bei jungen Katzen gestaltet sich die Eingewöhnungsphase immer etwas kürzer, da ihre Lust auf Abenteuer meist über der Verunsicherung steht. Für sie ist vieles ein Abenteuer, auch wenn es nur darum geht, in der Streu der neuen Katzentoilette zu buddeln. Sie lassen sich für ihr Leben gern bespaßen und können daher schnell „aus der Reserve gelockt werden“. Dafür bedarf es oft nicht viel, da reicht eine Katzenangel, die mit Federn versehen ist bereits aus, um sich dem Jagdtrieb mit dem neuen Besitzer ganz hinzugeben. Spielen ist immer besser als anfassen und berühren. Denn im Spiel gewinnt die Katze ebenso Vertrauen. Wer die Katze streicheln möchte, der sollte sie vorab an die Hand gewöhnen.

Die Hand sollte dafür flach mit der Handfläche nach unten aufgelegt werden. Warte, bis die Katze kommt, um an Deiner Hand zu riechen oder sie zu stoßen. Die Katze muss die Gelegenheit haben, den Kontakt zu seinem Besitzer zu bestimmen. Greift der Besitzer nach dem Tier, könnte das den Fluchtinstinkt der Katze wecken. Das tatsächliche Streicheln der Katze ist dann der Moment der Wahrheit. Lässt sie die Streicheleinheit zu oder läuft sie weg? Riecht die Katze an der Hand und beschnuppert sie, ist es ein guter Zeitpunkt dafür, die Hand langsam zu heben und sie auf Augenhöhe der Katze zu halten, bevor ihr über das Fell gestreichelt wird.

Wichtig dabei ist es, auf die Körpersprache des

Tieres zu achten. Sind die Pupillen geweitet, zeigt sich der Schwanz peitschend oder sind die Katzenohren flach angelegt, ist es ein klares Zeichen dafür, die Katze will das nicht. Wer seine Katze in der Zeit der Eingewöhnung streichelt, sollte sparsam mit den Streicheleinheiten umgehen. Diese sollten zudem kurz gehalten sein. Denn gerade am Beginn ist weniger oft mehr.

Ältere Katzen und die Eingewöhnung

Ältere Katzen sind nicht mehr so unerschrocken wie ihre jungen Artgenossen. Das wirkt sich in der Regel auch bei der Eingewöhnung aus. Sie betrachten die neue Umgebung mit Vorsicht und halten länger Distanz zum neuen Besitzer. Katzenspielzeug kann sie in der Regel nicht besonders beeindrucken, dafür bedarf es schon mehr. Vielleicht einen gefüllten Napf mit besonderen Leckereien. Wenn sich die Katze unter einem Möbelstück verkriecht, dann sollte ihr das der neue Besitzer erlauben. Sie kommt heraus, wenn sie bereit dazu ist. Eine bessere Alternative wäre, wenn bereits im Vorfeld mehrere

Versteckmöglichkeiten für das Tier gebaut werden und zur Verfügung stehen. Sei es ein alter Karton mit Löchern oder einfach eine Decke über den Kratzbaum, da diese ebenfalls als Versteck dienen kann. Bei älteren Katzen macht es auch Sinn, eine alte Decke vom bisherigen Besitzer mitzunehmen. Dieser vertraute Geruch besänftigt das Tier und die Anspannung der ersten Stunden wird umgehend weichen. Damit die Katze an den Geruch des neuen Besitzers gewöhnt wird, sollten getragene Kleidungsstücke im Raum aufgelegt werden. Da Katzen über einen sehr feinen Geruchsinn verfügen und schnell auf neue Gerüche reagieren, wird die Katze früher oder später auf die diversen Kleidungsstücke aufmerksam. Zudem spielt das richtige Licht bei der Eingewöhnung eine entscheidende Rolle. Der Raum sollte abgedunkelt sein und es ist hilfreich, wenn gedämmtes Licht zum Einsatz kommt. Dadurch fühlt sich die ältere Katze in ihrer neuen Umgebung viel sicherer. Handelt es sich um eine Freigänger Katze, die bislang noch keine klassische Katzentoilette kennenlernen durfte, macht es Sinn, die herkömmliche Streu durch eine rein biologische Blumenerde zu ersetzen. Gerade am Beginn der Eingewöhnung ist das ein wichtiger Aspekt. Wenn das Tier dann bereits mit der Katzentoilette vertraut ist, kann die Blumenerde gegen die klassische Katzenstreu getauscht werden. Diese Katzenstreu sollte neutral in ihrem Geruch sein.

Der richtige Umgang mit der Katze ist entscheidend

Der neue Besitzer sollte ausreichend Zeit mit dem schnurrenden Zuwachs verbringen, ohne diesen berühren zu wollen. Wird das Zimmer, das für die Eingewöhnung genutzt wird, verlassen, sollte der Mensch den Raum langsam verlassen. Auch beim Wiederkommen ist Ruhe das oberste Gebot. Ein Anklopfen an die Tür ist empfehlenswert, so weiß die Katze gleich, Achtung hier tut sich etwas. Der leise und angenehme Tonfall gehört beim Eingewöhnen dazu, auch wenn einmal eine Urinpfütze neben dem Klo landet. Der neue Besitzer sollte dem Tier mit gesenktem Kopf begegnen, der Blick kommt aus dem

Augenwinkel. Ein Anzwinkern und Blinzeln ist erwünscht, das drückt für die Katze Sympathie aus und wird ihr gefallen. Auch wenn der Besitzer über mehrere Stunden auf dem Boden verweilen muss, diese Aufgabe macht sich bezahlt. Denn die Katze fühlt sich mit der Zeit in der Gegenwart des Besitzers immer wohler und vermisst diesen, wenn er den Raum verlässt. Sitzt sie dann vor der Tür, miaut oder kratzt gar an der Türe, dann ist dies ein eindeutiges Zeichen dafür, die erste und schwerste Hürde der Eingewöhnung ist geschafft und das Tier ist bereit dafür seine restliche Umgebung besser kennenzulernen.

KAPITEL 7
ERZIEHUNG VON HAUSKATZEN

Ist der schnurrende Zuwachs eingezogen, ist die Freude darüber sehr groß. Missgeschicke der Katze werden belächelt und nicht groß bewertet. Doch ist diese Nachlässigkeit bei der Katze wirklich hilfreich? Nein, es macht keinen Sinn am Beginn der Mensch-Tier-Beziehung nachlässig zu sein. Denn alles was sich die Katze bereits einmal angewohnt hat, ist ihr nur mehr schwer wieder abzugewöhnen. Die Erziehung von Hauskatzen baut auf wichtige Regeln auf, die grundsätzlich immer beachtet werden sollten.

Regel 1 - Das Verhalten der Katze richtig erkennen

Um seine Katze entsprechend erziehen zu können, ist es wichtig, das Verhalten der Katze richtig zu deuten. Es ist entscheidend, die Körper- und Lautsprache zu erkennen und danach zu handeln. Die Katze gibt ihren Besitzer meist klare Vorgaben, indem sie ihren Unmut äußert und einen Buckel macht oder sich schnurrend neben seinen Besitzer liegt und alle Viere von sich streckt.

Nicht selten ist der Besitzer für die Unarten seiner Katze selbst verantwortlich. Tatsache ist, dass nicht die Katze die Ursache ist für Unarten, sondern meist der Mensch.

Regel 2 - Die spielerische Erziehung von Katzen

Für Jagd- und Beutespiele können sich alle Katzen begeistern. Auch das Arbeiten mit Duftstoffen ist erlaubt. Ein Säckchen gefüllt mit getrockneter Katzenminze lockt jede Katze an. Wird es gewünscht, dass sich die Katze auf einem bestimmten Platz zurückzieht, helfen Spielzeug und Duftstoffe sie dorthin zu bewegen. Strenge Regeln sind da fehl am Platz, wenn es spielerisch doch so einfach geht. Das Clickertraining ist ein berühmtes Beispiel für die spielerische Erziehung. Anhand dieses können dem Tier bestimmte Verhalten antrainiert oder auch wieder abtrainiert werden. Der Katze werden dabei Tricks vermittelt, die sie nur im Spiel erlernt.

Regel 3 - Deutliche Kommandos sind wichtig

Ein deutliches Nein reicht aus, damit die Katze weiß, das darf sie nicht. Katzen verstehen sehr gut bei ungewünschtem Verhalten das Kommando Nein. Wenn die Katze ein ständiges Nein zu hören bekommt, wird sie irgendwann nicht mehr darauf reagieren und die Wirkungskraft dieses Wortes lässt zu wünschen übrig, darum sollte das Kommando sparsam eingesetzt werden. Es ist wichtig, ähnliche Kommandos immer wieder gezielt anzuwenden. Es gibt davon 3 wesentliche, die wie folgt lauten: Nein! Raus! Und Runter! Das sind klare Laute, die jede Katze klar unterscheiden kann. Die Stimmlage des

Besitzers sollte sich bei deutlichen Kommandos auch verändern. Etwas Nachdruck muss erkennbar sein. So kann die Katze die verbale Kommunikation mit den Menschen verstehen und diese entsprechend zuordnen. So weiß das Tier genau, was es machen oder auch nicht machen soll und es wird lernen, was ihr geboten oder verboten wird. Ignoriert die Katze diverse Kommandos, ist es umso wichtiger, die Katze auf das gewünschte Verhalten behutsam hinzuführen.

Regel 4 - Die Konsequenz des Besitzers ist wichtig

Heißt es Nein, dann bleibt es auch Nein. Ein berühmtes Beispiel für fehlende Konsequenz: Der Besitzer verbietet seinem Tier bei Tisch zu betteln, füttert es später aber wieder vom Tisch. Somit wird beim nächsten ausgesprochenen Nein kein wirklicher Erfolg eingefahren werden und das Kommando wird bei der Katze auf taube Ohren stoßen. Der Besitzer muss sich an die gesetzten Regeln halten. Wurde ein Verbot ausgesprochen, bleibt dieses bestehen. Wurde der Katze etwas erlaubt, gilt diese Erlaubnis immerfort.

Regel 5 - Geduld bei der Katzenerziehung walten lassen

Die Katze muss immer wieder auf ihr Fehlverhalten hingewiesen werden. Katzen merken selbst sehr schnell, welches Verhalten der Besitzer wünscht und welches nicht geduldet wird. Die erzieherische Wirkung kann sich nur dann entfalten, wenn Geduld einen hohen Stellenwert einnimmt.

Regel 6 – Mit Aroma- und Duftstoffen arbeiten

Gerade Aroma- und Duftstoffe wirken immer nachhaltig bei Katzen. Da sie mit einem sehr empfindlichen Geruchsinn ausgestattet sind. Saure Gerüche mögen Katzen so gar nicht und meiden deshalb auch die Orte, die so riechen. Wer also die entsprechenden Aromaöle einsetzt, kann damit die Katze nachhaltig erziehen. Hierbei handelt es sich um eine sanfte Methode, Katzen davon zu überzeugen, etwas zu lassen. Wer nicht mit Aromaölen arbeitet, kann sich auch Im Putzatelier bedienen. An Stellen der Wohnung, wo sich die Katze nicht aufhalten sollte, können derartige Putzmittel zum Einsatz kommen. Wichtig ist nur, dass die Katze diese präparierten Stellen selbst nicht erreichen kann.

Regel 7 – Die Wohnung katzengerecht einrichten.

Das heißt, in der Wohnung sollten 2 Katzentoiletten aufgestellt werden, damit die Stubenreinheit der Katze nachweislich verbessert und erhalten wird. Ein Kratzbaum, eine Sisalrolle oder ein Ast, der gerade frisch abgeschnitten wurde, bieten die Möglichkeit angeborene Verhaltensmuster effektvoll auszuleben. Ohne dass dabei Teppich, Möbel oder Tapeten zu Schaden kommen. Wer seine Wohnung katzengerecht einrichtet, der richtet diese kratzfest ein.

Regel 8 – Eine Belohnung muss sein

Wenn die einzelnen Erziehungsmaßnahmen gut vom Tier umgesetzt werden, darf an einer entsprechenden Belohnung nicht gespart werden. Die

Katze verknüpft, dass dieses Verhaltensmuster mit einer Belohnung verbunden wird. Daher wird die Erziehung der Katze von Belohnungen geleitet. Viele Besitzer mögen es vielleicht als Bestechung sehen, wenn sie ein paar Leckerlis aus der Hosentasche holen. Aber diese sind Pflicht bei einer erfolgreichen Erziehung. Die Katze hat etwas gut gemacht, also muss sie dafür entsprechend belohnt werden. Erwünschte Verhaltensmuster haben einfach eine Belohnung verdient. Und zwar unmittelbar nach dem positiven Verhalten des Tieren. Die Belohnung muss direkt danach erfolgen und nicht erst Minuten später.

KAPITEL 8
WIE DU DEINE KATZE NICHT ERZIEHEN SOLLTEST

In der Katzenerziehung gibt es klar definierte Dos und Dont's. Gewisse Aufgaben müssen erfüllt werden, damit die Katzenerziehung klappt. Bestimmte Handlungen müssen aber unterlassen werden, um die Katze nicht zu verunsichern. Hier wird aufgezeigt, welche Handlungen zu unterlassen sind.

Regel 1 – Erlaubt ist alles, was gefällt

Entscheidend ist, dass der Mensch der Katze klare Grenzen aufzeigt. Erlaubt ist nicht alles, was gefällt.

Diese Regel sollte von klein auf angewendet werden, denn darf die Jungkatze an den Möbelstücken kratzen, wird sie das später auch praktizieren. Es sollte klare Regeln für die Katze geben und das von Anfang an.

Verbote sind nichts Schreckliches. Macht die Katze etwas, dass sie nicht sollte, muss sie ein bestimmendes Nein zu hören bekommen. Konsequenz macht sich in der Katzenerziehung immer bezahlt. Also sollte der Besitzer bereits im Vorfeld überlegen, was darf meine Katze und was darf sie nicht.

Regel 2 – Hecktisches Verhalten

Die Urinpfütze ist wieder einmal neben dem Katzenklo gelandet, jetzt heißt es entspannt zu bleiben. Leichter gesagt, als getan. Aber ein hektisches Wegputzen verunsichert das Tier einfach zu sehr. Katzen schätzen langsame Bewegungen. Wer jetzt voller Hysterie durch die Wohnung läuft, dem wird das nicht viel bringen. Im Gegenteil, die Katze wird verängstigt sein und sie wird sich zurückziehen.

Regel 3 – Unentwegtes Streicheln

Eine Vorliebe der meisten Katzen ist es, gestreichelt zu werden. Das Kraulen hinter den Ohren, unter dem Kinn oder zwischen den Augen ist für sie ein wahrer Hochgenuss. Aber es ist wichtig, dass die Katze bei Unartigkeit nicht gestreichelt wird. Denn ein klares Nein sollte nicht mit einer Streicheleinheit verbunden werden. Streicheleinheiten können erst dann korrekt eingesetzt werden, wenn die Katze etwas gut gemacht hat.

Regel 4 – König Cat ist der Alleinherrscher

Jeder kennt doch diesen Spruch: Hunde haben Herrchen, Katzen Personal. Bis zu einem gewissen Grad mag dieses Sprichwort auch seine Richtigkeit haben, dennoch ist es als Diener wichtig, dass das Tier nicht als Alleinherrscher gilt und tun und lassen darf, was es möchte. Eine Katze, die ihrem Besitzer auf der Nase herumtanzt, bringt in der Regel mehr

Ärger als Freude. Zu viel Liebe und Fürsorge kann sich auch negativ auf die Erziehung auswirken.

Regel 5 – Der Ton macht die Musik

Da Katzen ein sehr feines Gehör haben, reagieren sie umgehend auf die Lautsprache des Menschen. Hat die Katze etwas angestellt, macht es wenig Sinn, mit ihr laut zu schimpfen. Viel besser ist es, ihr klare Kommandos zu geben. Oft genügt ein Nein, das ruhig, aber bestimmt, ausgesprochen wird. Wer die Stimme erhebt oder gar mit seiner Katze schreit, riskiert, dass sie sich ängstigt. Schreien bringt gar nichts, außer dass das Tier Angst bekommt und verstört wirkt.

Regel 6 – Die körperliche Bestrafung

Die körperliche Bestrafung gilt also absolutes No-Go in der Katzenerziehung. Hat die Katze etwas angestellt, lassen sich manche Besitzer oft dazu verleiten ihr einen Klaps zu versetzen. Eine gute Katzenerziehung baut auf Vertrauen auf, dieses ist aber schnell wieder verflogen, wenn es zur körperlichen Bestrafung kommt.

Regel 7 – Das Packen am Nacken

Nur eine Katzenmutter darf ihre Jungen am Nacken packen, um sie in der Gegend umher tragen zu können. Menschen sollten das besser lassen, da sie der Katze dadurch Verletzungen zufügen können und die Katze plötzlich nicht weiß, wie ihr geschieht, wenn sie am Nacken gepackt wird.

Regel 8 - Der Einsatz eines Wasserspritzers

Eine bekannte Erziehungsmethode auf die viele Besitzer schwören. Aber mit Vorsicht ist der Einsatz der Wasserspritze zu genießen. Denn in der Regel verunsichert ein solcher Spritzversuch die Katze nur, ist sie irritiert und weiß nicht, wie ihr geschieht.

Regel 9 – Ein späterer Rüffel

Wurde die Katze durch ihr unartiges Verhalten auffällig, muss sie sofort zu Recht gewiesen werden.

Es auf später zu verschieben, macht keinen Sinn, denn bereits eine halbe Stunde später, weiß die Katze nicht mehr, warum sie nun geschimpft wird.

Regel 10 – Blickkontakt aufnehmen, aber bitte nicht starren

Katzen vermeiden gerne den direkten Blickkontakt. Deshalb sollte die Katze nicht angestarrt werden, das kann in ihr aggressives Verhalten auslösen. Hat sie etwas gut gemacht, hilft ein gelegentlicher Blinzler. Wer blinzelt, zeigt so seiner Katze, dass er sie mag.

Regel 11 – Kein Zwang

Mit Zwang kann die Katze gar nicht umgehen. Wird sie mit Zwang erzogen, reagieren viele Tiere meist mit Protest. Erzeugt der Mensch Zwang und Druck, wird er in der Regel mit Abneigung von der Katze bestraft. Unter Zwang kann niemals eine Vertrauensbasis geschaffen werden, die in der Katzenerziehung aber ein wichtiger Meilenstein ist. Sicherheit geben, heißt die Zauberformel, die in der

Erziehung angewendet werden sollte, niemals sollte aber unter Zwang etwas geschehen. Sanftes Überlisten ist in der Katzenerziehung viel mehr ein Thema, als zwangvolles Verhalten. Nur bei einem medizinischen Notfall gilt die Ausnahme. Hier kann ein Zwang lebensrettend sein.

Regel 12 – Der Katzenname ist beim Tadeln unangebracht

Ist es wieder einmal an der Zeit seine Katze zu tadeln, sollte der Name des Tieres dabei weggelassen werden. Denn die Katze sollte durch den Laut ihres Namens etwas Positives verbinden. Wird der Name aber immer dann eingesetzt, wenn die Katze zu Recht gewiesen wird, kann sie mit ihrem Namen wenig Gutes verbinden.

KAPITEL 9 GRUNDLEGENDE ERZIEHUNGSMASSNAHMEN, DIE DU DEINER KATZE BEIBRINGEN SOLLTEST

Es gibt Grundbausteine in der Erziehung einer Katze, die jedes Tier beherrschen sollte. Diese Erziehungsmaßnahmen stellen ein harmonisches Miteinander sicher. Das Leben des Menschen und des Tieres werden dadurch vereinfacht. Schließlich kuschelt jeder Besitzer lieber mit seinem Tier oder belohnt es mit diversen kleinen Naschereien, als wenn er es ständig ermahnen muss und den Zeigefinder immer wieder erhebt.

Fruchten bei der Katze grundlegende Erziehungsmaßnahmen, so gestaltet sich der Umgang mit dem Tier viel angenehmer und leichter. Wer konsequente Regeln für das Zusammenleben zwischen Mensch und Katze aufstellt, für den gibt es meist keine Probleme mehr mit dem Tier. Schließlich sind es generelle Probleme, die dem Katzenhalter zu schaffen machen. Wie zerkratzte Möbel, Teppiche und Tapeten. Das Hochklettern an den Gardinen. Die Urinpfütze oder das Häufchen, welche wieder einmal neben der Katzentoilette gelandet sind. Die Katze will nicht auf ihren Namen hören, sie ignoriert diesen einfach. Eine Katzenklappe wurde montiert, aber sie wird vom Stubentiger nicht genutzt. Die Katze bettelt ständig, wenn sich jemand an den Tisch setzt. Sie springt überall hoch, auch in der Küche, wo sich die heiße Herdplatte befindet. Das ist ein Auszug aus den Problemen von diversen Katzenbesitzern, die aber nicht sein müssen, wenn man weiß, wie sie zu vermeiden sind. Darum darfst Du Dich jetzt mit den einzelnen Problemen näher beschäftigen, damit Du Deiner Katze grundlegende Erziehungsmaßnahmen beibringen kannst.

KAPITEL 10
LERNE DER KATZE AUF DEN NAMEN ZU HÖREN

Jede Katze hat einen Namen, anhand diesem kann sie direkt angesprochen werden. Wie willst Du Deine Katze sonst herbeirufen? Die Namensauswahl ist bereits entscheidend, wie gut sich das Tier seinen Namen merken kann. Als kleine Hilfestellung gibt es hier zu sagen, ein zweisilbiger Name, der auf einem Vokal endet, ist hilfreich. Es sollte ein heller Vokal sein, am besten wird dafür der Buchstabe „i“ verwendet. Einfache Namen, die mit „i“ enden, können Katzen bereits aus weiter Entfernung gut hören. Damit die Katze weiß, wie sie heißt, muss ihr der Name immer wieder vorgesagt werden. Egal, was gerade ansteht, ob die Katze nun gefüttert, gestreichelt oder mit ihr gespielt wird. Hat die Katze einen Namen, sollte sie immer wieder mit diesem angesprochen werden. Katzen stellen mit ihrem Namen keinen echten Bezug her. Sie deuten den Namen als Begrüßung, eventuell als Lockruf. Will der Besitzer seine Katze locken, macht es Sinn, sie beim Namen zu rufen. Katzen hören sehr gut auf den Namen und sie reagieren in der Regel darauf. Wenn der Besitzer den Namen seiner Katze ruft und darauf ein lautes Miau zu hören bekommt, weiß er, die Katze kennt ihren Namen.

KAPITEL 11 GEWÖHNUNG AN DIE KATZENKLAPPE

Neugierige Katzen haben mit der Katzenklappe meist kein Problem. Handelt es sich aber um schüchterne Stubentiger kann diese praktische Neuanschaffung am Beginn Unsicherheit auslösen. Viele Katzen zeigen sich meist misstrauisch und trauen dem neuen Objekt einfach noch nicht. Darum sollte die Katzenklappe zu Beginn erst einmal fixiert werden, damit sie von selbst nicht mehr zugehen kann. Diese einfache Einstellung hilft den Katzen bereits das erste Misstrauen zu überwinden. Ist die Katzenklappe hochgestellt, kann die Katze erst einmal durchschauen und alles in aller Ruhe neugierig betrachten. Am besten der Besitzer gibt der Katze etwas Zeit sich mit dem neuen Objekt selbst vertraut zu machen. Die Katze soll sich so viel Zeit nehmen können, wie sie braucht. Sie sollte die Möglichkeit haben die Katzenkappe von außen und von innen genauer zu betrachten. Die Katze wird irgendwann damit beginnen die Klappe zu beschnuppern oder sie mit der Pfote anzutippen. Katzen sind Beobachter, so kann es vorkommen, dass der Stubentiger stundenlang vor der Katzenklappe liegt und abwartet, was nun passiert. Natürlich kann der Besitzer sein Tier auch entsprechend locken. Wer kleine Leckereien auf der anderen Seite der Katzenklappe ablegt, hat gute Chancen dafür, dass die Durchgangsmöglichkeit genutzt wird. Sitzt die Katze bereits vor der Klappe, wird diese mit der Hand ein klein wenig berührt, damit die deponierten Leckerlis auf der anderen Seite für die Katze gut sichtbar sind. Die Katzenklappe sollte erst richtig in Schwung gebracht werden, wenn die Funktion vom Tier bereits verstanden wurde. Meist wird die Funktion einer Katzenklappe schnell für sich entdeckt und immer wieder gerne benutzt. Wenn sich das Tier bereits durch die geöffnete

Katzenkappe traut, wird es auch bald den nächsten Schritt wagen und durch die geschlossene Öffnung spazieren. Wichtig bei der Katzenklappe ist die Größe. Meist werden Katzenklappen in Durchschnittsgrößen gehandelt. Die durchschnittliche Breite liegt bei etwa 165 mm und die Höhe beträgt 170 mm. Bei großen Katzen ist eine Abmessung von 180 mm in der Breite und 195 mm in der Höhe empfehlenswert. Klassische Katzenklappen ohne Zutrittsbeschränkung gibt es bereits schon ab 10 Euro. Eine elektronische Katzenklappe wird ab 50 Euro angeboten.

KAPITEL 12
GEWÖHNUNG AN DIE KATZENTOILETTE

Die Wahl muss auf die richtige Katzentoilette fallen. In der Regel sind die einfach gestalteten Katzenklos immer die bessere Wahl, da sie am katzenfreundlichsten sind. Eine einfache Wanne reicht aus, damit die Katze ihr Geschäft verrichten kann. Geht es um das Objekt Katzentoilette, dann ist die einfache Variante in der Regel die beste. Nur bedingt zu empfehlen sind Katzenklos, die geschlossen sind und als Einstieg eine Klappe aufweisen, da eine solche große Erscheinung viele Katzen im Vorfeld gleich abschreckt. Eine Katzentoilette ist übrigens zu wenig, es müssen mindestens 2 Klos aufgestellt werden, um dem Urinstinkt der Katze gerecht zu werden. Denn auch in der freien Natur stehen Katzen unzählige Möglichkeiten offen, ihr Geschäft zu erledigen.

Auch der Platz für das Katzenklo ist entscheidend. Die Bemerkung, das ruhige Örtchen kommt nicht von ungefähr. Ein ruhiger Platz darf für den Stand der Katzentoilette gewählt werden. In einer Ecke des Raumes wird das Objekt zum Buddeln aufgestellt, so hat die Katze den gesamten Raum im Blick. Der Lieblingsplatz des Stubentigers bietet sich zum Aufstellen der Katzentoilette an. Das Klo sollte auch nicht zu weit vom Schlafplatz der Katze entfernt sein. Denn wenn es einmal schnell gehen muss, bietet sich ein kurzer Toilettengang an.

Die Katze muss im Vorfeld mit der Katzentoilette vertraut gemacht werden. Am besten der Besitzer spielt mit der sauberen Streu und weckt so das Interesse des Tieres. Viele Besitzer setzen die Katze auch in die Toilette, besser ist es natürlich, wenn die Katze die Eigeninitiative ergreift und aus freien

Stücken ihr stilles Örtchen aufsucht. Die Katzentoilette sollte immer wieder untertags aufgesucht werden, nach dem Nickerchen, nach dem Fressen, nach der lustigen Spieleinheit. Gerade bei jungen Katzen ist das sehr wichtig, da sie ihren Urindrang noch nicht so lange zurückhalten können.

Es ist entscheidend, sich für eine Sorte der Einstreu zu entscheiden. Handelt es sich bereits um ein älteres Tier, sollte die bisherige Marke der Einstreu weiter verwendet werden. So kennt die Katze bereits den Geruch der Einstreu und die Vertrautheit ist von Anfang an gegeben. Auf keinen Fall sollte die Einstreu zu stark parfümiert sein, da Katzen geruchsempfindliche Tiere sind.

Hat die Katze ihr Geschäft verrichtet, darf ein entsprechendes Lob natürlich nicht ausbleiben. Sie muss erkennen, dass sie ihre Sache gut gemacht hat und dafür mit Anerkennung belohnt wird.

Wenn die Katze ihr Klo verweigert und sich andere stille Örtchen sucht, ist das meist ein Grund für Ärger, muss es aber nicht. Am besten Du tauscht das Klo erst einmal aus und wechselst auch die Streu. Eine angenehme weiche Streu, die sich angenehm an den Pfoten anfühlt, reicht oft aus, um die Katze rein zu bekommen. Viele Jungkatzen sind bereits stubenrein, weil sie das bereits von der Katzenmutter antrainiert bekommen haben. Viele Jungtiere schauen sich das bereits von ihrer Mutter ab und ahmen das später nach. Sollte etwas danebengegangen sein, sollte die Katze unmittelbar ihren Platz in der dafür vorgesehenen Toilette einnehmen. Falls sie dort dann noch ihr restliches Geschäft erledigt, sind anerkennende Worte angebracht. So verbindet sie den Gang zur Toilette mit etwas Positivem.

Die Stelle auf der das Missgeschick passiert ist, muss geruchsneutral gereinigt werden. Auch ein Pheromonspray kann dazu beitragen, dass die Katze stubenrein wird. Ein solcher Spray ist in jedem Fachhandel erhältlich und trägt dazu bei, dass sich die Katze wieder sicherer und geborgener fühlt.

Katzen sind sehr saubere Tiere, also sollte die Katzentoilette nach jedem Gang gereinigt werden.

Wer die Toilette nicht regelmäßig reinigt, der darf sich nicht wundern, warum die Katze diese nicht benutzen möchte. Ein Hauptgrund, warum Katzen unsauber sind bzw. werden ist das verschmutzte Klo. Wer die Katzentoilette nicht nach jedem Gang sauber macht, muss sie mindestens einmal am Tag säubern. Mit einer dafür vorgesehen Schaufel werden die Hinterlassenschaften bereinigt und die Toilette ist wieder frisch. Wurden Hinterlassenschaften in der Wohnung entdeckt, sollte niemals die Nase des Tieres darin gerieben werden, die Katze weiß nicht, warum das passiert und sie ist irritiert. Hierbei handelt es sich um eine Erziehungsmaßnahme, die aus der Steinzeit ist und nicht mehr angewandt wird.

Einmal in der Woche sollte eine Großreinigung stattfinden, es wird das Katzenklo gänzlich entleert und mit heißem Wasser gereinigt. Heißes klares Wasser reicht für eine solche Reinigung aus, diverse Putzmittel sind tabu, denn diese Putzmittel weisen einen zu starken Eigengeruch auf. Riecht für den Besitzer das Katzenklo bereits unangenehm, ist es höchste Zeit das stille Örtchen der Katze zu reinigen.

Der feine Geruchssinn des Stubentigers macht den Gestank für das Tier bereits unerträglich.

KAPITEL 13
DAS KRATZEN AN DEN MÖBELN IST TABU

Dass Katzen gerne an allem möglichen kratzen, diese Tatsache können viele Katzenbesitzer bestätigen. Aber warum machen Katzen das? Die Pfoten der Katze sind mit Drüsen versehen, aus deren Drüsen werden Duftstoffe abgesondert und beim Kratzen an den Möbeln und Tapeten werden diese Duftstoffe an die jeweiligen Objekte abgegeben. Die Chemo Kommunikation der Katze kommt bei einem solchen Vorgang zum Tragen. Aber kein Problem, mit ein paar Tricks kann der Katze diese Unart schnell abgewöhnt werden.

Trick 1: Beliebte Kratzstellen werden kurzerhand abgedeckt

Alu- und Frischhaltefolien eigen sich dafür sehr gut. Einzelne Möbelstücke werden einfach mit Frischhaltefolie umwickelt, so lange bis das Möbelstück für die Katze uninteressant wird. Als Tapetenschutz eignet sich die Alufolie besser. Die Alufolie bleibt so lange mit Strips auf der Tapete kleben, bis die Katze keine Lust mehr hat, daran zu kratzen.

Trick 2: Alternativen zu Möbeln, Teppichen und Tapeten

Die Katze muss eine Möglichkeit haben, ihre Krallen zu wetzen. Darum sollte für sie ein Kratzbrett, eine Kratzmatte oder ein Kratzbaum aufgestellt werden. Eine Kratzmatte am Boden schont den Teppich. Das Kratzbrett muss gezielt an solchen Stellen aufgestellt werden, an denen die Katze gerne ihre Krallen wetzt. Der Kratzbaum wird dort aufgestellt, wo sich die Katze mit Vorliebe aufhält. Meist finden Kratzbäume im Wohnzimmer ihren angestammten Platz.

Trick 3: Die Lust auf diverse Alternativen muss geweckt werden

Aber wie? Diese Frage werden sich nun viele Katzenbesitzer stellen. Mit Katzenminze! Die Katzenminze verfügt über diverse Duftstoffe, auf die im Grunde jede Katze abfährt. Die aphrodisierende Wirkung von Katzenminze sollte nie unterschätzt werden.

Trick 4: Spielen lenkt vom Kratzen ab

Darum sollten immer wieder Spieleinheiten mit der Katze eingelegt werden, die ihren natürlichen Beute- und Jagdtrieb wecken. Manche Katzen kratzen an den Möbeln aus Langeweile. Damit keine Langeweile aufkommen kann, schaffen gemeinsame Spieleinheiten mit dem Tier Abhilfe. Ziel des Spiels sollte sein, dass die Katze ihre Krallen ausfahren kann und gezielt darauf aufmerksam gemacht wird, dass sie auf ihrem Kratzbaum auch effektvoll kratzen kann.

Trick 5: Geduld haben

Wenn die Katze rückfällig wird oder an einer anderen Stelle anfängt zu kratzen, ist es wichtig nicht ungeduldig zu werden, sondern die Katze behutsam an ihren eigentlichen „Kratzort“ (den Kratzbrett, der Kratzmatte oder den Kratzbaum) zu bringen. Fängt sie dort dann an zu kratzen, sind lobende Worte immer richtig. Auch das Spielvergnügen darf auf dem Kratzbaum immer wieder seinen Lauf nehmen.

KAPITEL 14
CLICKERTRAINING

Beim Clickertraining wird das natürliche Lernverhalten der Katze genutzt. Das Clickertraining geht meist mit kleinen Belohnungen in Form von Leckerlis einher. Anhand vom Clickertraining können Erziehungsmaßnahmen ausgebaut werden oder ungewünschtes Verhalten wird in die richtigen Bahnen gelenkt. Gleichzeitig verbessert dieses Training dic Kommunikation zwischen der Katze und ihrem Besitzer. Es fördert den gegenseitigen Respekt und stärkt das Vertrauen zueinander. Und das Allerbeste, es macht Tier und Mensch Spaß. Viele Katzenbesitzer wenden das Clickertraining an, um ihre Katze ausreichend zu beschäftigen und ihr

Abwechslung im Alltag zu bieten. Gerade bei der Wohnungskatze ist das ein sehr bedeutsamer Aspekt.

Das Clickertraining baut auf ein klickendes Geräusch auf, das eng mit einer Belohnung, in Form von Leckerlis verbunden ist. Wer beständig am Clickertraining arbeitet, der kann seiner Katze im Handumdrehen zahlreiche Tricks beibringen. Und das mit Leichtigkeit!

Für das Training wird ein Clicker benötigt, hierbei handelt es sich meist um ein kleines Objekt aus Kunststoff, das eine Metallzunge inne hält, dieses erzeugt ein klickendes Geräusch. Im Fachhandel ist ein solcher Clicker bereits ab 2 Euro erhältlich. Viele verwenden auch einen Kugelschreiber, um ein klickendes Geräusch zu erzeugen.

Klicken und belohnen - so gestaltet sich das Clickertraining am Anfang

Jede einzelne Trainingseinheit zielt immer auf diverse gereichte Leckerlis ab. Katzen reagieren auf die kleinen Köstlichkeiten sehr gut. Natürlich darf auch mit einer Streicheleinheit belohnt werden. Beim Clickertraining ist das richtige Timing immer entscheidend. Trainingseinheiten sollten kurz gefasst sein und nicht länger andauern als 5 Minuten. Das Training sollte zu einem solchen Zeitpunkt angesetzt sein, an dem sich das Tier aktiv zeigt und alle vorhandenen Lebensgeister aktiviert sind. Zudem macht es Sinn, wenn die Katze bereits Hunger verspürt, denn so spricht sie besser auf die Leckerlis an, die die Trainingseinheit begleiten.

Das Geräusch des Clickers sollte sparsam eingesetzt werden, erst wenn eine Belohnung winkt, wird auch geclickert. Zu Beginn des Clickertrainings erfolgt das Klickgeräusch in Verbindung mit dem Leckerli. Das Clickern ist erstmal ein neutraler Reiz für die Katze, mit dem sie nichts Besonderes verbindet. Das ändert sich aber schnell, wenn diverse Leckerlis ins Spiel gebracht werden. Die Katze weiß, wenn sie den berühmten Klick hört, gibt es als Belohnung danach kleine Leckerlis. Beim Clickertraining hat der Katzenbesitzer immer alle

Hände voll zu tun, denn in der einen Hand befindet sich der Clicker, in der anderen die Leckerlis und dann kann die Trainingseinheit bereits starten.

Entscheidend ist, dass zwischen dem Klick-Geräusch und dem Aushändigen der Leckerlis kein zeitlicher Abstand liegt. Da die Katze den Klick sonst nicht mit der köstlichen Belohnung in Verbindungen bringen kann. Während des Trainings sollte das Tier nicht direkt angesprochen werden. Ein Klicken als Spaß kann nicht empfohlen werden, da das Klicken ein Versprechen für die Katze ist, dass eine Belohnung folgt. Geclickert wird nur, um die Aufmerksamkeit des Stubentigers für sich zu gewinnen.

Wie wird mit dem ersten Clickertraining begonnen?

Der Besitzer setzt sich vor seine Katze auf den Boden. Hält den Clicker in der einen Hand, die Leckerlis in der anderen. Es ist immer hilfreich beim Trainieren mehrere Leckerlis bei sich zu haben. 10 an der Zahl genügen. Danach wird der Clicker betätigt und die Katze erhält ihr erstes Leckerli. Wichtig ist, dass diese Übung mehrmals wiederholt wird.

KAPITEL 15
GEDULD BEWÄHRT SICH

Egal, welche Grundlagen der Katzenbesitzer seinem Tier beibringen möchte, die oberste Grundregel in der Katzenerziehung lautet Ruhe aufzubringen und Geduld zu haben. Schließlich ist es der Mensch, der das Verhalten der Katze leiten soll. Im Vorfeld gilt es herauszufinden, für welche Maßnahme der Erziehung ist die Katze grundsätzlich empfänglich. Es kann sein, dass Du verschiedene Optionen ausprobieren musst, bevor Deine Erziehungsmaßnahmen so vom Tier umgesetzt werden, wie Du sie gerne hättest. Manche Verhaltensweisen sind auf die gemachten Erfahrungen in der Vergangenheit zurückzuführen.

Manche Verhaltensweisen sind durch die Rasse begründet, manche Katzen lassen sich leichter erziehen, andere wiederum schwerer. Wenn der Besitzer seiner Katze alte Gewohnheiten abgewöhnen möchte, muss er viel Zeit in die Katzenerziehung investieren. Da Katzen alte Gewohnheiten nur schwer ablegen. Auch der Charakter der Katze trägt viel bei der Erziehung bei. Der Charakter vieler Katzen ist genetisch bedingt, denn bereits die jungen Kätzchen imitieren das Verhalten ihrer Mutter. Darum sind die ersten Lebenswochen für Katzenkinder eine sehr wichtige und entscheidende Phase. Durfte das Katzenkind in diesen Wochen bereits positive Erfahrungen mit Menschen sammeln, wird sie meist zutraulich und verschmust auf den Menschen zugehen. Aber gerade bei Katzen aus dem Tierheim weiß der Besitzer nie, wie die Katze einst aufgewachsen ist und welche Erfahrungen ihr im bisherigen Leben zuteilwurden. Umso wichtiger ist es dann, der Katze Zeit zu geben und ihr die Gelegenheit zu bieten, viele positive neue Erfahrungen zu sammeln. Die Katze wird für die Nähe des neuen Besitzers dankbar sein. Nicht sofort, aber allmählich! Je länger das Tier mit dem neuen Besitzer zusammenlebt, umso dankbarer wird es sich zeigen.

Die richtige Katzenerziehung wird anhand von Ruhe und Geduld gedeihen. Jede Katze braucht ihre Zeit, um sich erziehen zu lassen. Doch sobald der schnurrende Zuwachs eingezogen ist, sollte bereits mit den ersten erzieherischen Maßnahmen begonnen werden. Ob es sich hierbei um ein junges Kätzchen oder um einen gemächlichen alten Kater aus dem Tierheim handelt, das spielt keine Rolle.

Bei der Erziehung ist festzulegen, handelt es sich bei meiner Katze um ein verfressenes Individuum oder schlummert in ihr der geborene Spieler. Je nachdem darf die Belohnung nach dem Training ausfallen. Spieler werden mit einem passenden Spielzeug belohnt. Die Katze, die für ihr Leben gerne frisst, erhält ihre Leckerlis. Wichtig ist, dass die Belohnungsphase direkt nach dem Training bzw. der Katzenerziehung erfolgt.

KAPITEL 16
SELTSAMES KATZENVERHALTEN ERKENNEN

In unserer Gesellschaft wird gerne therapiert, da wird auch keine Ausnahme gemacht, wenn es um die Katzen geht. Aber muss jede Katze wirklich gleich zum Tierpsychologen, wenn sie sich auffällig verhält? Nicht jede Katze muss umgehend auf die Coach, nur weil sie sich ungewöhnlich benimmt und ihr Verhalten auffällig ist.

Abklären und nach dem Warum fragen

Im Vorfeld ist es wichtig, herauszufinden, warum benimmt sich die Katze auffällig, warum zeigt sie ein verändertes Verhalten. Natürlich fällt es jedem Katzenbesitzer gleich auf, wenn aus dem sonst so friedlichen Sofatiger ein aggressiver und launischer Rabauke wurde.

Unerwünschte Verhaltensweisen der Katze äußern sich meistens wie folgt:

Die Katze miaut übermäßig viel. Ihr Putzverhalten ändert sich, ihr Putzdrang ist so stark, dass bereits kahle Stellen im Fell vorhanden sind. Sie zeigt sich übertrieben ängstlich und kann ihre Scheu kaum überwinden. Die Katze reagiert aggressiv, die Aggressionen sind gegenüber den anderen Katzen im Haushalt gerichtet. Sie äußert die Aggression gegenüber ihrem Besitz. Sie kratzt an den Möbeln, am Teppich und an den Tapeten. Sie markiert mit Urin. Die Katzentoilette wird vom Tier nicht mehr aufgesucht. Jede Verhaltensauffälligkeit hat natürlich einen Grund, um eine Krankheit auszuschließen, empfiehlt es sich, den Stubentiger beim Tierarzt durchchecken zu lassen. Denn das verstärkte Putzen deutet auf Parasiten, wie Würmer und Flöhe hin.

Hinterlässt die Katze vermehrt Pfützen in der Wohnung, obwohl sie bereits rein war, ist das meist ein klares Zeichen eines Harnwegsinfektes. Aggressives Verhalten kann auch darauf beruhen, dass die Katze starke Schmerzen hat und tatsächlich krank ist.

Veränderungen im Haushalt sind oft ausschlaggebend für das seltsame Verhalten

Liegen keine körperlichen Ursachen für das seltsame Katzenverhalten vor, sollte der Katzenbesitzer sehr sensibel mit seinem Tier umgehen. Denn nicht nur der Mensch hat mit Veränderungen, Trennungen und Eifersüchteleien zu kämpfen. Die Katze leidet ebenso sehr darunter. Deshalb sollte jeder Besitzer in sich gehen und einmal darüber nachdenken, was sich im Haushalt verändert hat? Gab es Zuwachs, egal ob tierisch oder menschlich? Wurde an den Räumlichkeiten der Katze etwas verändert, das dem Tier zu schaffen machen könnte? Es sollte systematisch auf Spurensuche gegangen werden, um den Grund dafür herauszufinden, warum die Katze anders ist, als sonst. Gerade wenn mehrere Katzen in einem Haushalt zusammenleben, können Rangeleien nicht vermieden werden. Besonders Kater werden von der Idee geleitet, ihr Revier abzustecken. Darum markieren sie auch mit dem Urin und üben sich in der Chemo Kommunikation. Andere Katzen wiederum mobben ihre Artgenossen, die darunter zu leiden haben.

Oder liegt es doch am Besitzer? Wurde mit der Katze in den letzten Tagen laut geschrien oder wurde sie hart bestraft, kann das zur Verängstigung des Tieres geführt haben. Oft verhalten sich Katzen aus dem Tierheim scheu und zurückhaltend, das deutet darauf hin, dass sie bislang mit ihrem Besitzer kein Glück hatten.

Vielleicht liegt es an der nicht katzentauglichen Wohnung?

Oft ist es auch die Wohnung, die nicht der Katze entspricht, da sie nicht katzenfreundlich genug eingerichtet ist. Das Kratzen an den Möbeln findet sein Ende, wenn dem Tier ein klassischer Kratzbaum angeboten wird. Katzen wollen hoch hinaus, anhand ihres Kratzbaumes können sie das auch. Will sich die Katze zurückziehen, sucht sie ihre Ruhe, auch dafür ist der Kratzbaum sehr gut geeignet. Pheromone machen jede Katze glücklich und zufrieden. Deshalb sollte ein Pheromonspray in jedem Katzenhaushalt vorrätig sein. Wer seine Katze auf natürliche Art und Weise beruhigen möchte, der kauft diesen Spray, der in jedem Fachhandel erhältlich ist. Er kann auch vorbeugend zum Einsatz kommen, wenn stressreiche Situationen auf das Tier zukommen, wie ein Besuch beim Tierarzt. Die Transportbox sollte dann mit dem entsprechenden Spray besprüht werden. Die natürlichen Wohlfühlpheromone der Katze werden anhand dieses Sprays nachempfunden. Es brauchen nur vereinzelte Sprühstoße auf die betroffene Stelle gesprüht werden und das Wohlbefinden des Tieres wird nachweislich gesteigert. Ein Pheromonspray mit ca. 60 ml kostet etwa 20 Euro.

Vielleicht liegt es am unsauberen Katzenklo?

Keine Katze will ihr Geschäft in einer Katzentoilette verrichten, die bereits unangenehm riecht, da wird lieber der nahestehende Blumentopf mit seiner Gartenerde bevorzugt. Eine geräumige und saubere Katzentoilette ist ein unbedingtes Must-Have bei der Haltung. Auch die Streu sollte der Katzennase zusagen und angenehm riechen. Die Streu sollte sich weich an den Pfoten anfühlen. Der ausgewählte Platz des Katzenklos ist dafür entscheidend, ob dieses gerne genutzt wird. Die Katzentoilette muss so aufgestellt werden, dass die Katze den gesamten Raum im Blickfeld hat, wenn sie ihr Geschäft verrichtet. Futterplatz und Katzentoilette sollten nie nahe beieinander stehen, viel besser ist es, wenn der Schlafplatz neben der Toilette angeordnet ist.

Vielleicht liegt es an der fehlenden Spielmöglichkeit?

Die Katze will sich ausgiebig bewegen und gerne unterhalten werden. Fehlt beides, tut das der Katzenpsyche nicht gut und sie verkümmert. Eine weitere Folge daraus, sie zeigt sich aggressiv den Artgenossen sowie dem Besitzer gegenüber. Beschäftigung und Auslastung ist das Nonplusultra in einem Katzenleben. Reicht oft die Zeit für ausgedehnte Jagd- und Spielrunden leider nicht aus, sei der Katze ein geeigneter Platz am Fenster gegönnt. Die Welt hinter der Glasscheibe wirkt immer faszinierend auf das Tier. Dennoch braucht die Katze ihre Bezugsperson, die sich mindestens 1x täglich nur ihr zuwendet und ihr die ungeteilte Aufmerksamkeit schenkt.

Vielleicht liegt es an den fehlenden Futterschüsseln?

Leben mehr Katzen in einem Haushalt sollte jede Katze ihren eigenen Napf haben und die Tiere sollten wenn möglich getrennt voneinander gefüttert werden, damit kein Futterneid aufkommen kann.

Vielleicht liegt es an Stress, Angst oder Eifersucht?

Wenn sich Katzen seltsam verhalten, können diese

drei entscheidenden Elemente der Auslöser dafür sein. Die Katzen schätzen die Gerechtigkeit unter den Artgenossen. Aber Eifersucht kann durchaus aufkommen, wenn es plötzlich einen neuen Menschen im Leben des Katzenbesitzers gibt. Sei es ein neuer Partner oder ein Baby. Eine Familienzusammenführung glückt oft nicht gleich aufs erste Mal.

KAPITEL 17
KLARE VORGABEN SIND BEI DER ERZIEHUNG VON KATZEN WICHTIG

Katzenerziehung - Wie lernen Katzen am schnellsten? Wenn die Katze vor Dir sitzt und sie Dich mit ihrem treuen Blick anschaut, wer kann da schon widerstehen? Es ist kaum zu glauben, dass Stubentiger, die einen derart treuen Blick haben, auch kleine Sturköpfe sein können. Einer Katze ist es total egal, wenn der Besitzer enttäuscht von ihr ist und sich grün und blau ärgert. Eine Katze weiß auch nicht, dass sie sich undankbar verhält, wenn sie sich einfach nicht benehmen kann. Sie weiß nicht von sich aus, was sie darf oder nicht darf. Darum ist es wichtig, klare Vorgaben und Verbote aufzustellen. Eine Katze kann auch nicht zwischen gefährlich und ungefährlich unterscheiden, denn dafür gibt es den Menschen.

Aufgestellte Regeln sorgen für ein harmonisches Miteinander

Es ist verständlich, dass manche Katzenbesitzer die Eigenarten dem Tier nicht übel nehmen. Aber gegenseitiger Respekt und Regeln müssen aufgestellt werden, um ein harmonisches Miteinander zu erreichen. Nur so weiß die Katze, was der Mensch von ihr erwartet. Eine Katze kennt nicht die Gefühle des Menschen und kann das Verhalten nicht davon abhängig machen. Aber eine Katze kennt sehr wohl klare Vorgaben, die ihr gemacht werden. Sie weiß durchaus, was sie mit ihrem Fehlverhalten auslösen kann, wenn sie schon mehrmals darauf aufmerksam gemacht wurde. Eine Katze wird nicht lange nachdenken oder logisch kombinieren, sie wird kurzerhand ihren Instinkten folgen. Katzen sind treue Begleiter des Menschen, wenn sie klare Vorgaben erhalten und immer wieder dazu angeregt werden, diese einzuhalten. Ein Teil der Katzenerziehung führt unmittelbar über Belohnungen, sprich Leckerlis. Die Katze erkennt schnell, wer zu Hause das Sagen hat. Sie muss nur darauf hingewiesen werden und Erlerntes muss immer wieder gemeinsam mit dem Menschen umgesetzt werden.

Geduld, Gelassenheit, Freundlichkeit, aber auch Konsequenz und Autorität sind wichtig

Die Katzenerziehung mit klaren Vorgaben sollte schon im jungen Alter beginnen. Kleine Kätzchen freuen sich darüber, wenn sie etwas Neues lernen können und geht es nur um die Erziehungsmaßnahme stubenrein zu werden. Bei der Katzenerziehung spielen viele unterschiedliche Eigenschaften wichtige Rollen. Geduld, Gelassenheit, Freundlichkeit, aber auch Konsequenz und Autorität sind wichtig, damit sich das Tier gut entfalten kann. Ein strenges Nein sollte genauso zum Alltag der Katze gehören, wie ein freundliches Lob. Die richtige Stimmlage des Katzenbesitzers vermittelt vieles, denn wer einen Befehl ausspricht, der muss entschlossen klingen.

So weit und nicht weiter

Eine Katze muss von Beginn an wissen, wie weit sie gehen darf. Um die Grenzen abzustecken, dafür muss geübt werden und klare Vorgaben sind nötig. Wer sich für eine Katze entschieden hat, der sollte auch Ja zur Katzenerziehung sagen, denn hierbei handelt es sich um eine wichtige Maßnahme, dem geliebten Stubentiger wichtige Verhaltensweisen näher zu bringen und einzuprägen. Dabei handelt es sich nicht nur um klassische Kommandos, wie Nein! Raus! Runter! Bei der Katzenerziehung geht es vielmehr um die soziale Kompetenz des Tieres, diese muss gefördert werden. Bei der Erziehung können ganz unterschiedliche Wege eingeschlagen und andere Maßstäbe angelegt werden, um ans Ziel zu kommen. Wichtig ist nur, gleichbleibende Erziehungsmaßnahmen zu setzen und diesen treu zu bleiben.

Selbstverständlich ist ein kleines Kätzchen in den ersten Lebenswochen am lernfähigsten. Deshalb muss diese Zeit sinnvoll genutzt werden, um die Erziehung der Katze zu fördern. Es ist von Bedeutung, dass gerade in dieser Zeit besonders auf das Tier eingegangen wird, um der Katze eine dementsprechende Erziehung anzueignen. Einzelne Erziehungsmaßnahmen sollten dabei immer wieder gefestigt werden.

Ein konsequentes und wiederkehrendes Training ist gefragt

Viele behaupten, ältere Katzen lassen sich nicht mehr erziehen. Diese Behauptung stimmt nur bedingt. Ältere Tiere besitzen durchaus die Fähigkeit gewisse Unarten oder Angewohnheiten zu unterlassen, wenn sie ein konsequentes und wiederkehrendes Training erfahren. Wichtig ist, an einem Lernprozess festzuhalten und diesen immer zu wiederholen. Ist dieses Lernen gefestigt, erfolgt erst der nächste Schritt bzw. eine weitere Erziehungsmaßnahme.

Damit ein harmonisches Zusammenleben zwischen Katze und Besitzer entstehen kann, muss die Katze erzogen werden und klare Vorgaben stehen an der Tagesordnung. Nur so ist eine aggressionsfreie und entspannte Mensch-Tier-Beziehung sichergestellt. Katzenerziehung sorgt nicht allein nur für Gehorsam, sie zeigt der Katze Grenzen auf, die ihr anhand von klaren Vorgaben gemacht werden. Kein Katzenbesitzer möchte nur der Diener für seine Katze sein oder darum fürchten müssen, dass sie sich an der heißen Herdeplatte verletzt, nur weil sie immer wieder auf die Einrichte der Küche springen muss. Nur wer seine Katze richtig erzieht, ist für sie auch ein guter Wegbegleiter und Besitzer.

KAPITEL 18
FAZIT / WICHTIGE TIPPS ZUSAMMENGEFASST

Für alle Katzenbesitzer stellt sich irgendwann die gleiche Frage: Wie erziehe ich meinen Stubentiger? Jeder Katzenbesitzer hat die Fähigkeit seinen schnurrenden Gefährten selbst zu erziehen. Wer die Angelegenheit in die Hand nimmt, braucht auf alle Fälle viel Geduld und einen langen Atem. Diese fachgerechte Anleitung zusammengefasst in einem E-Book dient als Wegweiser, den richtigen Weg in der Katzenerziehung einzuschlagen.

Eine gute Katzenerziehung macht sich belohnt, sie kann mit einfach Tipps und Tricks umgesetzt werden

Es gibt einige wichtige Tipps, die Du beachten solltest und einige Tricks wurden genannt, die den Umgang mit der Katze vereinfachen. Das Training mit dem Tier sollte regelmäßig durchgeführt werden, damit es Erfolg bringt. Bei kleinen Kätzchen reicht ein Training mit wenigen Minuten bereits aus, damit sie nicht überfordert werden. Ältere Stubentiger hingegen können ohne Bedenken auch länger trainiert werden. Bei kleinen jungen Katzen ist es wichtig, ihnen die Grundkommandos (wie: Nein! Runter! Raus!) beizubringen. Wurde die Bedeutung dieser Worte richtig umgesetzt, ist ein gebührendes Lob auszusprechen und ein Leckerli gibt es als Belohnung. Eine gute Katzenerziehung in den ersten Lebenswochen sorgt dafür, dass die Katze innerhalb von wenigen Tagen stubenrein ist und auch ihre Katzenklappe ohne Furcht benutzt. Die Maßnahmen, die zum Erfolg führen, können sich auf verschiedene Art und Weise gestalten. Dabei spielt der Charakter des Tieres eine wesentliche Rolle.

Wer bei der Frage: wie erziehe ich meine Katze, Erfolg haben möchte, der sollte folgende Regeln der Katzenerziehung berücksichtigen: Das Tier sollte auf keinen Fall überfordert werden. Wenn es am besten klappt, ist Schluss mit der Trainingseinheit. Wichtig ist es, dass anhand der Erziehung schlechte Eigenschaften und Angewohnheiten abgestellt werden können. Sei es das Kratzen an den Möbeln oder die Häufchen neben der Katzentoilette.

Wer seine Katze erzieht, tut ihr etwas Gutes

Wenn es um den Grundgedanken bei der Katzenerziehung geht, ist es wichtig, zu wissen, dass Du Deiner Katze damit etwas Gutes tust. Auch wenn es konsequentes Verhalten vom Besitzer fordert. Katzenerziehung darf schließlich mit leckeren Köstlichkeiten verfeinert werden. Darum ist das Belohnen ein wichtiger Faktor in der Erziehung Deiner Katze. Der Stubentiger liebt es zu spielen, Aufmerksamkeit von seinem Menschen geschenkt zu bekommen und ein schmackhaftes Leckerli, das die Trainings- und Lerneinheit erfolgreich abschließt.

Nicht jeder Tag ist gleich. Darum ist es wichtig in der Katzenerziehung nie aufzugeben, sondern aufmerksam zu bleiben. Deine Katze wird es Dir danken. Katzen zu trainieren ist vereinfacht gesehen ein Spiel, das der Katze und ihrem Besitzer Freude bereiten soll. Die gemeinsame Freude ist der Nährboden einer geglückten und erfolgreichen Katzenerziehung.

Jedes Verhalten der Katze kann positiv verändert werden.

Lernen und danach handeln, das braucht immer einen gewissen Antrieb. Das ist bei Tier und Mensch gleich. Die Motivation und auch die Unzufriedenheit von bestimmten Verhaltensmustern ist der Beweggrund des Handelns. Deine Katze kratzt an der Tapete. Deine Katze hört nicht auf ihren Namen. Deine Katze ist immer noch nicht stubenrein. All das sind Beweggründe, die zum Handeln auffordern. Wichtig ist es, die Katze in die Erziehung effektvoll miteinzubinden. Schließlich geht es um sie! Sie darf bestimmen, wenn es Zeit ist, Schluss zu machen. Die

Kunst der Katzenerziehung besteht darin, die Katze zu solchen Handlungen zu bewegen, die sie eigentlich nicht will. Jeder Katzenbesitzer kann das Verhalten seines Stubentigers positiv verändern. Der Wille dafür muss nur gegeben sein.

VIELEN DANK FÜR DEIN VERTRAUEN

Vielen Dank für dein Vertrauen in mich und meine Arbeit. Ich hoffe, dass du mit diesem Ratgeber sehr viel lernen und eine tolle Beziehung zu deiner Katze aufbauen wirst. Ich habe mein Bestes gegeben und meine jahrelangen Erfahrungen mit Katzen aller Art genutzt, um dir wirklich tolle Informationen zu bieten. Da du es mit der Erziehung deiner Katze wirklich ernst meinst (sonst hättest du dieses Buch nicht gekauft), habe ich mir etwas einfallen lassen, um dir meine Wertschätzung zu zeigen und dir noch mehr helfen zu können.

Ich habe für dich als Käufer meines Ratgebers heute ein unschlagbares Angebot:

Du bekommst von mir heute einen einzigartigen Rabatt auf mein umfangreiches Online Coaching, welches ich auf Katzen-Trainieren.de anbiete. Mit dem folgenden Link bekommst du auf das Starter Paket satte **70 % Rabatt**, auf das Basic Paket **68 % Rabatt** und auf das Premium Paket **57 % Rabatt**.

http://bit.ly/2ChHACe

Wähle das Paket, welches am besten zu dir passt und

schalte dir die Video- und Audiokurse frei. Sichere dir noch heute das unglaubliche Angebot. Bringe deine Mensch-Tier-Beziehung zu deinem Liebling auf ein ganz neues Level!

RECHTLICHES UND IMPRESSUM

Ich bin stets bemüht, alle Informationen und Angaben in diesem Buch korrekt und auf dem neusten Stand zu halten. Leider ist es trotzdem nie vollkommen ausgeschlossen, dass Fehler und Unklarheiten entstehen. Aus dem Grund übernehme ich keine Gewähr für Aktualität, Richtigkeit, Qualität und Vollständigkeit dieses Werkes. Für Schäden, die durch die (Nicht-) Nutzung dieser Informationen, sowohl mittel- als auch unmittelbar entstehen, hafte ich nicht. Für Hinweise auf Fehler oder Unklarheiten bin ich Ihnen sehr dankbar.

CM-Webmarketing UG (haftungsbeschränkt)

Christoph Meyer

Landstraße 25

27404 Ostereistedt

Kontakt: christoph@katzen-trainieren.de

35577269R00072

Printed in Poland
by Amazon Fulfillment
Poland Sp. z o.o., Wrocław